白话
自然语言处理
处理

[日]川添爱 著　　[日]花松步 绘

郭亚珍 译

人民邮电出版社

北 京

图书在版编目（CIP）数据

白话自然语言处理 ／（日）川添爱著；郭亚珍译
. -- 北京：人民邮电出版社，2021.12
ISBN 978-7-115-56406-1

Ⅰ．①白… Ⅱ．①川… ②郭… Ⅲ．①自然语言处理
—青少年读物 Ⅳ．①TP391-49

中国版本图书馆CIP数据核字(2021)第071623号

版权声明

◆ 著　　　[日]川添爱
　　绘　　　[日]花松步
　　译　　　郭亚珍
　　责任编辑　张天怡
　　责任印制　陈　犇

◆ 人民邮电出版社出版发行　　北京市丰台区成寿寺路 11 号
　　邮编　100164　电子邮件　315@ptpress.com.cn
　　网址　https://www.ptpress.com.cn
　　大厂回族自治县聚鑫印刷有限责任公司印刷

◆ 开本：700×1000　1/16
　　印张：11.5　　　　　　　　　2021 年 12 月第 1 版
　　字数：170 千字　　　　　　 2021 年 12 月河北第 1 次印刷
　　著作权合同登记号　图字：01-2018-8765 号

定价：59.90 元

读者服务热线：(010)81055410　印装质量热线：(010)81055316
反盗版热线：(010)81055315
广告经营许可证：京东市监广登字 20170147 号

内容提要

这是一本故事性、趣味性十足的讲解自然语言处理的入门图书。

本书以黄鼠狼想要制作一个全能机器人的故事为主线，通过黄鼠狼与其他动物的交流引出制作全能机器人过程中遇到的各种问题及找到的解决方案，并通过对每个阶段的机器人进行分析，详细介绍词法分析、句法分析、语义分析、文本生成、语音识别等关键技术，帮助读者深入理解有关自然语言处理的知识。

本书非常适合作为中小学生了解人工智能、机器学习、自然语言处理的入门书，能为他们以后深入学习自然语言处理打下坚实的基础。

目　录

故事的起源

　　故事并非发生在很久以前，也就是最近，有一个名叫"黄鼠狼村"的村子，村子里住的都是黄鼠狼。尽管居住的地方很狭窄，但住着非常多的黄鼠狼。所幸大家的身体都很细长，所以也就相安无事。

　　虽然黄鼠狼们平日里都在非常努力地工作，但在它们的内心深处一直埋藏着一个想法："唉，真是不想干活儿啊！什么时候能坐享其成、不劳而获就好了！"某一年，黄鼠狼村的厄运接连而至，黄瓜收成变得不好了，桃子和柿子也被猴子吃掉了，村里流通的货币"黄鼠狼元"的价值也暴跌了……这时大家内心深处"不劳而获"的想法也变得越来越强烈。

　　就在此时，从别的村子传来了一些奇怪的传言，猫头鹰村、蚂蚁村和其他一些村子竟然都做出来了"非常方便的机器人"，而且使用这些机器人后大家都感觉棒极了。

　　黄鼠狼们刚开始完全不相信这些传言，因为它们都觉得别的村子里的动物们非常愚蠢。但是有一天，大家一起去森林里的时候，发生了一件不可思议的事情。

　　那是在一个很大的湖的岸边，黄鼠狼们正在捡从树上掉下来的果实，突然从湖中间传来了奇怪的声音。

"大家请注意，我们即将到达目的地。这里就是人气非常高的景点——美丽陆地。请大家尽情游玩吧！"

黄鼠狼们往声音传来的方向望去，发现在靠近岸边的地方停了一艘船。但是这艘船与一般的船大不相同，它是颠倒过来的，船身几乎完全浸没在水下，水面上只露出一点点的"船底"。

这时突然传来了哗哗啦啦的声音，刹那间从水中飞出了一个看似小熊的影子，再一看陆地上出现了两只脚，往上看去，腿、身体、手臂都是机械式的，原来这是一个机器人啊！只见它头部戴了一个类似航天员头盔的东西，头盔里盛满了水，水里面还有一条游动的鱼。

只要鱼稍微一动，机器人就跟着缓缓移动。鱼的身体扭转，则机器人的行进方向也随之改变。然后逐渐出现了许多同样结构的机器人，它们的头盔里面都装着一条小鱼。

鱼一："哇，这里好漂亮啊！"

鱼二："这里的空气是这样的啊！"

鱼三："我感觉压力都被这里的风给吹散了，任性地向公司提休假申请，到这里游玩真是太值了！"

鱼四："拿到机器人驾照真是太好了，突然感觉我的'鱼生观'都要改变了！"

然后鱼儿们操控着机器人在陆地上来回走动，有的用机械手臂摘果实，有的甚至还在自拍。黄鼠狼们的内心受到了无比巨大的冲击。因为在它们的意识里鱼都是笨蛋，鱼不能离开水，更别说摘果实了。这时鱼儿们也感受到了来自黄鼠狼们的目光，它们议论了起来。

鱼儿们："哇，快看，是一群黄鼠狼。""真的啊，跟从湖水里看到的有点儿不一样呢。""从地面上看起来，感觉它们一副穷酸相呢。"

黄鼠狼们气急败坏，年轻气盛的黄鼠狼们朝着鱼儿们的方向跑去，鱼儿们受到了惊吓，惊慌失措地往船的方向逃去。大部分的鱼儿都是乘着机器人朝湖中飞去，只有一条鱼在往湖中飞去时从机器人里掉了出来。鱼儿们乘着船只渐渐驶离了湖岸，最后湖岸上只留下了一个机器人，显得格外突兀。

于是，黄鼠狼们就把这个机器人带回了村子。然后大家聚在一起开始了讨论。

"那些鱼儿居然做出了这么厉害的机器人……"

黄鼠狼们心中的震惊难以掩饰。这时，其中一只黄鼠狼说道："喂，我们把这个机器人再改造一下，做一个更厉害的机器人吧？比那些可以让鱼儿在陆地上行走的机器人厉害一百倍的那种。"

大家都觉得此言不差，尤其喜欢"厉害一百倍"那句。

"那我们来做个什么样的机器人呢？这个机器人可以载鱼，我们也做一个可以载我们的机器人吗？"

农民黄鼠狼说道："那也不是很厉害啊。能帮我们干农活儿的比较好，跟它说去耕地它就去耕地，跟它说摘黄瓜它就去摘黄瓜，岂不是很厉害！"

做生意的黄鼠狼打岔说："不只会干农活儿，还得会做买卖。做一个精通商业的机器人，还可以高价卖给有钱人呢。"

从事其他职业的黄鼠狼们也争相说出了自己的意见。

"黄鼠狼村委会的工作也很辛苦啊，非常需要机器人帮忙，比如征收村民税啦，组织村民集体活动啦，等等。"

"黄鼠狼报社的人手也不够，需要会写新闻的机器人。让它们自己去取材调查，然后写好了交上来。”

“黄鼠狼小学的老师也不够，如果机器人能来当老师就太好了！”

说着说着，大家的各种意见就总结出来了：“也就是说，只要做一个我们说什么，它就会做什么，对我们言听计从的机器人就最好啦！”

“那我们可以做很多机器人，说什么它们都能听得懂，都可以马上执行。这样就可以什么事情都交给它们办了。”

有一只黄鼠狼说道：“太好啦，那我们就都不需要工作啦！”

黄鼠狼们都非常中意这个计划，觉得简直太完美了。如果能做出这样的机器人，那大家就都可以过上皇帝一般的生活了。

于是，黄鼠狼村就这样开始了“全能机器人计划”。看到这里大家是不是会有一种似曾相识的感觉？如果像这样的全能机器人真的问世的话，它又能给我们带来什么样的可能性，又会给我们人类世界的生活带来怎样的变化呢？这个问题也是当今最热门的话题之一。

随着机器人技术的进步，尤其是作为机器人的头脑——人工智能技术的进步，机器人能做的事情越来越多。毫无疑问，以后还会变得更多。但是，“人类只需要下个命令，机器人马上能听懂并且立即完成”这一理想真的能够实现吗？为了回答这个问题，我们就必须先弄清楚“语音识别”以及“语义理解”究竟要怎么实现。

我们人类在日常生活中经常会说“我知道那个人在说什么”或者“我不知道这句话是什么意思”。然而，在说出这些话的时候，我们到底有没有意识到这些话语中究竟包含了哪些含义呢？现实生活中，我们会用语言来便捷地传达各种各样的想法。然而，当我们将这些想表达的想法一一列举出来后，“到底如何理解这句话”这一简单的问题反倒难以回答了。

如今，可能很多人在各种场合都听过类似于“能完全听懂人类语言的机器人马上就要问世啦”“现在虽然还没做好，但马上就能做好了”“机器人绝对不可能完全理解人类语言的语义”等这些观点。那么究竟哪种观点是正确的呢？如果我们没有明确“语音识别”“语义理解”的真正含义，那就无法了解这些人真实的想法。

本书从“语音识别”讲到“语义理解”，再谈到机器人，最后谈到我们人类对自身的探索，这些全都围绕着一个问题，那就是"语言所表达的含义究竟是什么"。实际上这个问题直到现在也没有定论。很多哲学家和语言学家针对这个问题做了大量的研究，也没有一个明确的答案，当然在本书中也无法确保能够百分之百回答这个问题。

但是，本书将会对如下问题进行剖析。

至少要做了什么事情才能称为已经做到"理解了语义"呢？

这其实就是"究竟什么叫作语音识别"这一问题的其中一部分而已。但是，如果知道这些问题的答案，读者再通过对人工智能和机器智能的相关内容进行思考，结合自身的语言使用方法或理解方法也许可以找到一些灵感。

在本书中，为了帮助大家思考，后面的章节会通过"制作全能机器人""黄鼠狼村的黄鼠狼们"等内容来对可以操控语言的机器进行简单的介绍；在这之后，会通过对"这样的机器可以被称为已经理解语义了吗"等问题进行思考而进入更深层次的介绍环节。

需要注意的一点是，在黄鼠狼们的对话中所提到的机器和技术不一定反映了我们真实世界中的最先进技术，具体内容请参考各个章节中的"解说"部分。

我想读者在阅读后肯定会有很多感想。会对黄鼠狼们留下何种印象呢？从它们说的话，或者它们和相遇的其他动物们的对话中，又能联想到什么呢？如果读者能在阅读过程中感到些许乐趣，笔者也会倍感欣慰。

第1章
听懂语言的能力

　　黄鼠狼们决定以鱼儿们留下来的机器人为原型，做一个"可以听得懂我们说的话，并可以做任何事情的机器人"。但是要从哪里开始着手呢？

　　"无论如何，首先得让它听得懂我们的语言吧！"

　　"就是啊，但是鱼儿们的机器人也没有耳朵呀。"

　　"对啊，首先要做出机器人的耳朵才行吧！"

　　但是，机器人的耳朵哪里才有啊？这时，做生意的黄鼠狼恰巧回来了。

　　"我从村外打听到了好消息。鼹鼠村好像在卖一种叫'鼹鼠耳朵'的机器。这种机器可以听得懂说话呢。"

　　于是黄鼠狼们决定马上出发去鼹鼠村看看。一到鼹鼠村村口它们就看到了巨大的横幅——"'鼹鼠耳朵'特卖会"，好多动物蜂拥而至，热闹非凡。村里装的大喇叭里还放着"走过路过不要错过"这样的吆喝声。平时只能在土堆里才能看到的鼹鼠们，今天从洞穴里探出半个身体，跟客人们介绍起了商品。黄鼠狼们一进入村中就有一只鼹鼠上前喊住了它们，并且这只鼹鼠的头上还绑了头巾，上面写了四个大字："诚信特卖"。

　　鼹鼠商人："哎哟，这不是黄鼠狼村的朋友们嘛，欢迎光临啊！各位朋友请看这里，这就是我们今天的特卖商品'鼹鼠耳朵'。这款商品使用高科技完美地再现了我们鼹鼠举世无双的超强耳力。要是今天购买还可以打九折，附带三年免费保修和售后服务！而且 20 分钟内就决定买入的朋友，还将有备受所有鼹鼠喜爱的'从地上就能剪到树枝的大剪刀'作为礼品相送！"

听了鼹鼠商人的推销，黄鼠狼们仍是一脸迷惑。

黄鼠狼们："其实剪刀倒是无关紧要，能让我们好好看一下'鼹鼠耳朵'吗，它是怎么个用法呢？"

鼹鼠商人："当然可以了。那就请朝着机器随便说点什么吧。"

其中一只黄鼠狼对着"鼹鼠耳朵"说了句"你好"。然后机器连接着的显示屏上就显示出了"你好"的文字。

鼹鼠商人："嘿嘿，大家看，像这样识别出声音，并把内容显示在屏幕上。怎么样？厉害吧。"

然而鼹鼠商人完全是自说自话，黄鼠狼们内心完全没觉得有多厉害。

黄鼠狼们："说了'你好'，显示'你好'，这有什么了不起，不是理所应当的吗？"

听闻此言的鼹鼠商人内心嘀咕道"外行就是外行啊"，脸上显出一丝不快，不过立马又恢复了职业的笑容。

鼹鼠商人："哎，大家刚开始都这么说。但是仔细想想啊，能听懂说话其实是非常复杂的一件事。就比如这'你好'，雄性黄鼠狼和雌性黄鼠狼说的听上去就会有很大不同，跟我们鼹鼠说的相比那就更加不同了，而且大家的年龄和音色也都不尽相同。能够把如此众多类型的'你好'全部都理解成一个词'你好'，这是很了不起的能力啊！"

黄鼠狼们："哦。"

鼹鼠商人："而且你看现在村子里面很吵是不是？有广播的声音，那边还有抽奖的，抽到奖品的话还会有敲钟的声音。要在这么嘈杂的环境中把说的话辨识出来，很困难吧？但是我们的'鼹鼠耳朵'，不管在什么样的状况下都能做出最佳辨识。"

黄鼠狼们依旧反应平平："哦。"

说了这么多，黄鼠狼们好像还是没有心动的感觉，鼹鼠商人豁出去了。

鼹鼠商人："这样吧，刚才的'你好'还是太简单了，这次来说个长一点的试试吧。"

黄鼠狼农民："那就让我来试一下。说个什么呢？对了，'小孩儿长得快，得多吃才能得到足够的营养啊'。"

这时，"鼹鼠耳朵"的屏幕上显示出了以下内容：

> xiaohaier/zhangdekuai/deiduochi/cainengdedao/zugoude/yingyang/a
>
> 小孩儿长得快，得多吃才能得到足够的营养啊

鼹鼠商人："你们看！完全无差错吧！而且词组还被正确地分开并显示出来。说了什么也都是一目了然啊！"

黄鼠狼们："嗯，但是这个有这么厉害吗？"

鼹鼠商人："哎呀，这个真的是很难的啦。有一些汉字是多音字，虽然看起来一样，但实际上有多种发音啊。这个要正确地显示出来，就不能无视这些不同的发音。就比如说刚才的那句话中出现了三个'得'吧，但是发音是不一样的。"

黄鼠狼们："真的吗？"

鼹鼠商人："是啊，'小孩儿长得快'里面是发的轻声'de'的音吧，'得多吃'是发的第三声的'děi'的音，'得到足够的营养啊'是发的第二声'dé'的音吧。"

黄鼠狼们又仔细说了一遍，确实如鼹鼠所言。

鼹鼠商人："明白了吧，它们的发音完全不同。所以，虽然这些完全不同的发音我们平时毫不在意，但是对于机器来说完全不能无视这些不同。比如说，如果把'得到'和'的到'混在一起就错了。也就是说，应该无视的无视，不该无视的就区别开来，这就很困难了啊。"

黄鼠狼们："哦？"

鼹鼠商人："哎呀，我的顾客们看起来好像还是有些疑惑啊。那这样吧，好不容易来一次，你们就自由发挥随意玩一下吧。"

这时，从黄鼠狼们的身后突然传来一个声音。

"汝等来自黄鼠狼村？如此声势浩荡，所为何来？"

黄鼠狼们："哇，是大名人板桥先生啊！"

这位板桥先生是出生于黄鼠狼村的一名艺人，它因为常常扮演一个用古汉语讲话的大妈的角色而出名，经常登上各种活动及电视节目的舞台，还有一个电视节目以它的名字冠名——"板桥先生驾到"。

鼹鼠商人："板桥先生，非常欢迎您的到来。您看我们的产品怎么样啊，能不能上您的节目啊？"

板桥先生："呃，说上也能上吧，但是，我也很犹豫啊。"

鼹鼠商人："啊？您还在犹豫？为什么呢？"

板桥先生："汝等之机器，吾之所言，竟全未知晓。"

黄鼠狼看到鼹鼠商人茫然的样子，解释道："你的机器好像完全不明白板桥先生在说什么啊。它是在说这个意思。"

鼹鼠商人："也就是说，我们的机器有问题？"

板桥先生："我现在再说一遍，您看好了。"

板桥先生对着"鼹鼠耳朵"开始说话了。

"注意，此机器！汝在做甚！呆头呆脑，如此怠慢！"（翻译成普通话：哎呀，你这个机器在干什么呀！一直发呆，竟敢怠慢我！）

"鼹鼠耳朵"的显示屏上出现了以下文字：

注意，机器。入在左身。带头带闹。入次代满。

黄鼠狼们："咦，它听不出来啊！"

鼹鼠商人着急了，说道："哎呀，客人等一等，这个是有原因的。我们的'鼹鼠耳朵'其实是把'听到的声音'转换成文字，确切来说是转换成'词语的组合'的机器。所以我们必须提前将词语设定为要听到的对象。也就是说，它不是完全自由的。遗憾的是，黄鼠狼村的古汉语并不在'鼹鼠耳朵'的听取对象里，所以才没办法识别出来。"

黄鼠狼们："真的是这样吗？"

鼹鼠商人："千真万确。要给你们解释清楚这些，就不得不告诉你们'鼹鼠耳朵'是怎样做出来的了。

　　"最简单明了的解释就是，首先，我们要收集与每个词语的发音相对应的实际声音。像我刚才说的那样，我们认为一样的发音实际上也有许多不同的声音，所以就要尽可能多收集能对应一个发音的各种各样的声音，然后让机器学习这些声音。非常擅长学习的'鼹鼠耳朵'就这样能够判断出第一次听到的声音，并且将它从'单纯声音的连续'转换成'能表达相近意思的词语'。

　　"但是，这样还不能算完全做好了，我们还必须弄清楚如何将听到的'声音序列'转化为'字词序列'。因此，我们不仅要教会机器'我们''鼹鼠'等这样的名词，也必须教会'走''见'等这样的动词，以及'着''了''的'等这样的助词，还有'把''被''在'等这样的介词，这些都必须要全部教会它。"

　　黄鼠狼们："嗯，那连'的''地''得'都要教吗？好麻烦啊！"

　　鼹鼠商人："对啊，这些也是非常麻烦的。另外，它还不能算是能够'识别自然语言'的机器。即使把所有的词语都教给它，但是在'听取'的时候会出现很多种可能性，机器也会有很混乱的时候。比如我说

　　我和你们黄鼠狼们碰面的时候

　　"我想说的是'我和你们黄鼠狼们碰面的时候'，但是机器找出来的与之对应的字词序列可能是

　　我喝你们黄熟郎焖烹面的侍候
　　沃河泥门皇叔阎闷篷眠的时候

　　"还有很多类似这种的很奇怪的说法。所以为了防止出现这种情况，我们事先给机器看了许多文章，让它了解到'每个词语后面跟什么词语的概率最大'。这样机器就可以从上面那些奇怪的例子里面选出来最正确的答案了。

　　"最后我们回到板桥先生遇到的问题上，现在我们还没有将古汉语教给机器，所以它也不知道在某个古汉语词语后面跟哪些词语，也就没办法识别古汉

语了。"

黄鼠狼们："原来是这样，那就简单了，把古汉语也添加到'识别对象'里就能识别了吧？"

鼹鼠商人："并不是你们想象的那么简单啊！"

黄鼠狼们："为什么呢，你不是说只要增加识别对象的词语和告诉机器这些词语后面经常跟着哪些词语就可以了吗？"

鼹鼠商人："并不是简单地只要增加词语或者只要教会什么就行的。刚才我解释的不知道你们是否真正听懂了，'鼹鼠耳朵'所做的就是从已知的词语中寻找出'和听到的声音最接近的词语'，也就是一种寻找'相似性'的模式。这时候备选的词语越少就越容易从少量的选择项中找到正确的答案，相对而言，词语越多就越难。

"举例来说，给大家都发一个红色的苹果，然后给它们一盒七色彩铅，告诉它们'从这里面选出最接近苹果的颜色，并且画一幅苹果的图'，大家肯定很快就能完成。但是如果变成从一百种颜色的彩铅中选出最接近的颜色，就变得有点困难了。更进一步从几千、几万种颜色里去选择，大家肯定都会放弃了。"

黄鼠狼们："嗯，确实是这样的。"

鼹鼠商人："这下你们明白了吧。增加听取对象的词语数量和这个是一样的道理，所以单纯地把古汉语词语追加进去并不是一件简单的事。并且古汉语与现代汉语相比，要收集说话的声音以及文章也是一件很困难的事。如果不能收集大量的声音及文章，机器学习就变得很困难，这也是我们需要解决的一个难点啊。

"但是，在这种情况下，'鼹鼠耳朵'还是将说的话转换成了文字。尽管结果是错误的，但也是机器运用自己掌握的普通话的知识选出了与'接收的声音'最接近的结果。这从某种意义上来说也是机器学习的成果啊。"

刚才鼹鼠总是把"机器学习"这个词语挂在嘴边，黄鼠狼们脑中不禁浮现出机器人拿着铅笔和本子为了"考试及格"而努力学习的样子。

黄鼠狼们："机器可以学习啊，好厉害。'鼹鼠耳朵'我们知道了，给我们看看会学习的那个机器吧。有了这个机器，也没必要特意买一个'耳朵'了吧？"

鼹鼠商人："嗯，这个嘛，所谓的学习并不是我们传统意义上的学习。'声音'在物理学上指的就是'声波'，学习就是指将声波的特征抽取出来，通过计算找到与之对应的正确的声音……"

鼹鼠商人费劲儿地解释着晦涩难懂的专业名词，但是黄鼠狼们完全听不懂，而且越听越无聊，有的黄鼠狼甚至站着就睡着了。看着客人们的样子，鼹鼠商人也不解释了，开始向已经累极了的黄鼠狼们提问。

鼹鼠商人："客人们，你们为什么对'鼹鼠耳朵'这么感兴趣呢？"

黄鼠狼们："我们是想做出什么都能听懂、什么都会做的机器人。要做这个就必须要先让它听懂我们的语言，所以我们才对'鼹鼠耳朵'有兴趣。"

黄鼠狼们非常骄傲地回答道，并想着鼹鼠听到这么厉害的机器人会作何反应。没想到，鼹鼠商人却这样回答。

鼹鼠商人："懂语言的机器人啊，这个好像已经有了啊。"

黄鼠狼们："啊？！"

鼹鼠商人："变色龙村子里好像做出了这样的机器人，而且是用了我们的'鼹鼠耳朵'。"

黄鼠狼们："啊！？"

1.1 语音与音素

要研究"如何听懂语言",首先要弄清楚"听懂语言"究竟是怎么一回事。

不论是人类还是机器,在"听语言"的时候都需要做一件事情,那就是把发出的一个一个的"语音"与其对应的"音素"联系起来。

声音其实就是由物体振动引起的物理学意义上的波。而人们所听到的语音信息就是通过这种"物理学上的声音"传送到人们的耳朵里的。这样的声音就叫作"语音"。而"音素"指的却不是这种"物理学上的声音",它是构成语音的"声音抽象型单位";换言之,它就是听起来感觉是"一样的发音"的声音集合。

前面鼹鼠商人提到过,说话的人认为是"一样的发音",在实际上展现出来时也会有各种各样的差异。鼹鼠商人将汉语中的"得"这个字列举出了几个不同的发音方法,进而得出结论"它有不同的发音"。这种"根据发音的方法不同产生不同的语音"的情况,总是被人们不自觉地无视,并且把它们当成了同一种语音。也就是说,把这些语音都归类为同一种"类型",这种"同一种类型的语音的集合"就是"音素"。

为了使声音能被当作语言来识别,就必须要区分"发音不同但是属于同一种音素的语音"和"相同的语音但是应当归为不同的音素"这两种情况。这时需要无视这种"琐碎的不同"就显得十分必要。当然也不能完全无视所有的不同之处。应该无视哪些不同之处要由"对于这种语言有没有影响"来决定。

所以,想要听懂某种语言,就必须要懂得这种语言"语音归类的方法",将听到的声音,即这些本质上音质和发音不同的语音和"类别"(音素)结合起来,是非常重要的。

1.2 机器的语音识别与机器学习

能够让机器做到理解自然语言的代表性技术就是语音识别技术,它是一种可以把听到的声音转换为文字和词语的技术。采用这一技术所要达到的目标就是像上文中鼬鼠商人所说的那样，可以将听到的声音转化为具体的文字。那么机器又是如何做到这些的呢？要理解这个问题，就必须要了解对于计算机来说，声音到底是什么。

人们一般所说的计算机其实就是"挤满"了数字的机器。现在由于通过计算机可以看到文字、图片、视频等，因此似乎计算机与数字计算没什么关系。而实际上操控着计算机的是数，更准确地说是"可以看作数字"的电信号。人们平常使用的都是十进制的类似"54""137"这样的数字，而在二进制中都是像"110110"或者"10001001"这样只用 0 和 1 来表示的数字。打开电源后，计算机对应电压的高低用电信号来表示这些数字，所以我们日常看到的计算机显示的文字、图片或视频等信息，其实在它的内部都是用数字来进行运算的。

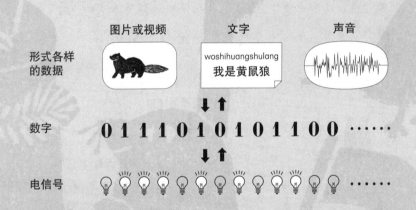

刚才我们提到声音其实是"通过振动所产生的波"，对于机器而言，所谓"语音"就是以某种方法将声音的波的特征以"数"或者"数的组合"的形式表示出来。所以这些语音信息才能用计算机来进行处理。

机器将数字表现出来的"语音"以某种方式组合成"音素"，为此，机器学习这一技术就开始被广泛使用起来。说到"学习"，许多人马上就会在脑海中浮现出在学校里有老师在上课，学生们努力学习做习题的情景。但是机器的"学习"和一般意义上的"学习"大不相同。

首先，机器学习的目的简单地说就是"对函数进行求解"。这里所说的"函数"其实和大家在数学课上学习的函数是相同的。有的读者可能会想到那些在坐标轴上画的直线或者曲线，抑或是像 $y=f(x)$ 这样的函数式，其实简单来说，函数就是"输入一个数，然后计算并输出其对应的另一个数"。像 $y=f(x)$ 这样的函数，x 就是"输入数据"，y 就是"输出数据"。

求解函数与目前我们面临的问题"将语音转换为音素的连接"之间又有什么样的联系呢？其实关键就在于我们在上文中提到的"用数字来表示各式各样的数据"。把语音和音素用数字来表示，则"将语音转换为音素的连接"的工作就可以转化为"输入用数字表示的语音，然后求出其对应的音素所表示的数字"，即输入语音 x，求输出的正确的音素 y，也就是求函数 $y=f(x)$。那么，机器学习又是如何来求解这样的函数的呢？为了求解这个函数，还需要给机器赋予"训练数据集"。还是以"将语音转换为音素的连接"问题为例，在它的训练数据集中，某个语音实例数据会包含其对应的正确音素连接信息。

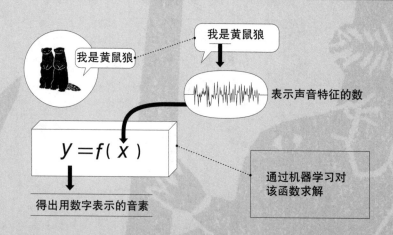

类似于例题"该语音转换为音素的连接后是什么"的标准答案就是"其对应的音素"。为了让机器能够对函数求出正确答案，需要先给机器提供"正确参考答案"。如果机器学习能够顺利进行，则对于未知的问题，机器也许能够求出高准确率的答案。

利用机器学习对函数进行求解时，经常会用到概率统计学的一些知识。比如"如果在这个学校的模拟考试中能够拿到 300 分以上的成绩，就可以认为能够考上那个大学的概率在 60% 以上""如果在感染这个病毒以后的 24 小时之内服药，那么一周内的发病率会降到 30% 以下"，通常人们会像这样基于过去的事例来对结果进行预测。为了能够得到更加准确的预测结果，就需要大量的类似事例，而且在所有的这些事例中最好不要出现特别大的偏差。同样，对于机器学习来说，是否拥有高质量的训练数据集，对能否得到准确的结果有着非常大的影响。把语音序列转换为对应的音素序列后，语音识别其实还没有结束，还需要在音素序列中找出其对应的字词序列。然而，这不是一件简单的事情。例如 /huangshan/ 对应的词语就有好几种。

黄山 / 荒山 / 黄鳝 /……

在上面的候选答案中，我们一看就有可能知道说的是什么意思，但是对机器来说，如果什么也没有教它，那么它是不可能知道哪个才是正确的答案的。并且，即使只是"huangshan"这样两个短小的音节，也有好几种与之对应的候选答案，如果换成比较长的音节，其数据量之庞大可想而知。

为了解决这个问题，可以使用两种方法：第一，限制听取对象的词语数；第二，教会机器一个词语后面经常跟的词语是什么。为了防止与音素对应的词语候选数量太过庞大，我们要教会机器如何选择与听取对象最符合的词语。为了让机器掌握第二种方法，我们也大量使用了机器学习。这里机器学习的目的就是让机器在接收到一个"连续的词语"时，能够准确判断"这种连续出现的概率"。这种机器学习同样也需要大量的训练数据。

近些年出现了像"深度学习"这种性能良好的机器学习方法，而且还可以对应大量的训练数据集，这样就大大促进了语音识别技术的发展。但即便如此，我们还是不能据此判定语音识别系统在任何时候都能正常识别语音。

现在的语音识别技术，有人认为"还仅是达到了（能力较高的）非母语讲话的水平，要达到像母语一样的听说读写水平还有待突破"。目前，为了筛选听取对象的词语，且为了更有效地收集需要的数据，在机器人的实际应用中我们应重视特定的使用场景及领域。

1.3　人类如何获取"听懂语言"的能力

读到这里大概很多读者会觉得"其实机器与我们人类有很多相似之处"，即使是我们人类自己，在听到一个完全没有接触过的领域的相关话题时，也常常会觉得"在说什么？完全听不懂"。甚至有时即便是我们平时经常用到的语句，如果对相关话题内容或者对话目的产生误解，也会出现理解上的错误。之前笔者就有过把"生姜烧"理解成"铜锣烧"的时候，原来对方是与我讨论晚饭的事情，而我却错以为只是在说零食。可能很多人也有过这种经历。这样看来，这些机器要做的事情对于我们人类来说也不一定能够做得很好，甚至笔者都有些同情它们了。

但是，如果追溯到人类的婴幼儿时期，观察那时人类学习语言的过程，就会发现，人类的语音识别过程与机器截然不同。可能有些读者会产生"将人类与机器学习直接进行比较是否合适"这样的疑问。不过，为了明确"我们人类无意识学习"的特征，接下来我们对婴儿获取听懂语言能力的过程与当今语音识别系统进行解读。

首先，刚刚出生的婴儿其实相较于成年人也能分清楚很多各种各样声音的细节。比如说，以日语为母语的成年人对于"r"和"l"的发音很容易混淆，但是实验报告证明，区分它们对于婴儿来说是非常容易的。但是如果婴儿处于大家都说日语的环境中，到6～8个月的时候反而听不出它们之间的差别。对于这个结果可能人们会感到非常遗憾，但是这也表明了婴儿这时已经知道了"在日语中哪些发音不同可以无视"，并且已经学会了"语音类别化"，换句话说，这时的婴儿已经具备了"把语音信息与其音素对应起来"的能力。

那么，婴儿又是怎样学会"语音类别化"的呢？根据研究，婴儿首先会学习划分词语的方法，此时的婴儿会利用语速以及语调来完成词语划分，婴儿在出生前，就已经开始通过妈妈和周围其他人之间的交谈学到了根据语速和语调的不同来划分词语。通过这种方法婴儿既增加了词汇量，同时还对语音信息中的模式进行了归类，比如说"这个词只会出现在语句与语句相接的地方"等，由此来掌握"语音类别化"，甚至完成了对"音素的学习"。

但是，上面介绍的婴儿学习过程与"机器的语音识别"相比有一点不同，那就是婴儿"只需要学习正确答案"。对于机器来说，我们必须要先让它知道与一个语音对应的音素有多少种类，在此基础上再让机器去学习这些语音与音素之间的对应关系。而对于婴儿来说，哪些语音对应哪些音素，刚开始的时候他们是不可能知道的，周围的人也不会直接教他"这句话和那句话意思不同"，或者"这句话和那句话意思差不多"等。

对于机器来说，我们必须要先把想让它听懂的"所有词汇信息"输入进去，这样才能让它进一步分析不同类别词汇的出现频率。但是对于婴儿来说，最初他肯定不明白听到的所有词汇所表达的信息，当然也不需要像教机器那样给婴儿读"数十年的新闻报道"，而且婴儿在学习某些词汇的同时，还可以用已掌握的为数不多的词语来分析那些未学习过的音素，进而学到新的词汇。甚至婴儿会对"语音进行分析"后（比如这个语音只出现在词语的最后等），进行仅会区别语速和语调是不能完成的"分词"学习，进而能够掌握新词语。也就是说，婴儿可以将语音分析、音素学习、词汇学习同时进行，并且还能掌握它们之间的相互关系。这种高等级的学习方法是婴儿自发的无意识行为。

1.4　不和人类一样就不行吗

为了让机器能够具备人类的语言能力，这种"人类无意识学习的能力"常常会使问题变得更复杂。将语言学及其相关领域中的"无意识学习能力"进行科学解读以达到彻底理解的目的，还需要花费很长的时间。

目前，为了使机器能够掌握人类的语言能力，我们尝试的主要方法还是通过进行大数据的机器学习，开发出相对比较接近人类的语言能力的程序。上面所说的语音识别技术就是其中之一。如果没有完全理解和掌握人类的语言能力以及学习方法，人们进行的这些尝试，说不好听的那就是在敷衍塞责。但是，由此就可以说这种机器没有做到真正的"语义理解"吗？我们暂且搁置这个问题，倘若机器完全再现了人类的语言，在某种意义上是不是就表明它"理解了人类的语言"呢？接下来我们将在下面的章节中继续探讨这个问题。

第 2 章

可以对话的能力

听说 "变色龙村已经做出了能听懂语言的机器" 的黄鼠狼们马上来到了变色龙村。它们看到变色龙们排成了一条好长好长的队。黄鼠狼们看到一个穿着印有 "我♥龙龙酱" 字样 T 恤的变色龙，于是就上前询问。

黄鼠狼们："大家在这里排队干吗？"

穿 T 恤的变色龙吃了一惊："哦，这不是黄鼠狼吗？莫非你们也想和龙龙酱说话？想的话就去排到队伍的最后面吧！"

黄鼠狼们："龙龙酱是谁啊？"

穿 T 恤的变色龙："到队伍的最前面看看就知道了。"

黄鼠狼们走到队伍的最前面，看到在倒着的一棵树上并排坐着两个变色龙，它们在亲密地交谈着，穿着女学生校服的变色龙问旁边的那个变色龙："龙龙酱，你有喜欢的变色龙吗？"

龙龙酱："哎呀，这个我不想说。"

女学生变色龙："告诉我嘛！"

龙龙酱："你可以发挥一下你的想象力。"

女学生变色龙："我们不是朋友吗？连这都不跟我说。不理你了！"

龙龙酱："啊？"

黄鼠狼们忍不住插嘴。

黄鼠狼们："打扰一下，你们在干吗？这个变色龙就是龙龙酱吗？"

女学生变色龙："啊，你们是谁？不要打扰我。"

女学生变色龙一副受挫的样子。这时候龙龙酱说话了。

龙龙酱："对不起啊。"

女学生变色龙："龙龙酱，这个不怪你，好了好了。"

龙龙酱："嗯。"

女学生变色龙看到黄鼠狼们还站在那儿，忍不住大声说："喂，你们快些走远一点儿吧。我放学后就来这儿排队了，排了好久，好不容易才能和龙龙酱说上话。真恼人！"

龙龙酱："你生气了吗？"

女学生变色龙："龙龙酱，我不是在说你哦！"

龙龙酱："啊？"

女学生变色龙："你们谁可以把这些黄鼠狼带到一边去啊？"

龙龙酱："啊？想和我一起去哪里吗？"

女学生变色龙："哦，不是啊，龙龙酱。"

交谈还在继续。黄鼠狼们还是一动不动地站在那儿，但是在它们周围突然出现了好多变色龙，它们围着黄鼠狼们，硬是把它们带离了那里。

变色龙们："你们完全是违反规则！你们到底是来做什么的？"

黄鼠狼们："我们来找懂语言的机器人啊！"

变色龙们："懂语言的机器人？那你们找的应该就是刚才的龙龙酱。"

黄鼠狼们："啊？刚才那个是机器人啊？"

变色龙们："对啊，它是我们村发明的。因为我们村最近很多的年轻人都无法和其他同类正常交流，它们有点害怕见其他同类，渐渐地全部隐藏了起来，村子里一下子变得好冷清。因此我们就尝试做了会说话的机器人，结果是无论男女大家都非常喜欢，年轻人都恢复了活力，效果很明显。"

听到这些话，黄鼠狼们似乎都受到了很大的打击，它们一直认为变色龙除了会隐身，别的什么技能都不会，没想到在它们自己还在犹豫的时候，人家已经做出了机器人。变色龙们没有发觉黄鼠狼们的异样，还在继续说。

变色龙们："我们发明的机器人不光龙龙酱一个，这个是面向年轻人的，我们还做了一个针对老年人进行健康咨询的机器人，在中年以上的变色龙中满意度达到了100%。"

黄鼠狼们："健康咨询！？"

变色龙们："对啊，怎么样，要不要去看一看？龙龙酱这儿人太多，那边现在人少一些。不过，今天从早上到中午一直都有很多人的。"

黄鼠狼们迅速去找健康咨询机器人了，这个机器人的名字好像叫"青绿红胡子医生"。青绿红胡子医生在黄鼠狼们快到跟前的时候就开始说话了。

青绿红胡子医生："你们好，你们有什么烦恼吗？"

场面有些乱哄哄的，农民黄鼠狼扮作是咨询者开始和它讲话了。

农民黄鼠狼："嗯，我最近感觉没有食欲啊。"

青绿红胡子医生："哦，没有食欲啊，还有别的不舒服的地方吗？"

农民黄鼠狼："还有点失眠。"

青绿红胡子医生："有点失眠啊，那你自己觉得是因为什么呢？"

农民黄鼠狼："是不是因为压力太大了啊？"

青绿红胡子医生："有压力就要释放一下啊。"

农民黄鼠狼："我也知道，但是有太多的事情需要做。"

青绿红胡子医生："能举一个具体的例子吗？"

农民黄鼠狼："嗯，我最近刚换了一份工作。"

青绿红胡子医生："哦，最近换工作了，然后呢？"

农民黄鼠狼："我的工作是干农活儿，自从工作以来一直在同一个农场里干活，但是最近我看到一个各种条件都比较好的农场，就换工作了。"

青绿红胡子医生："哦，然后呢？"

农民黄鼠狼："然后去了那个新地方，发现那里是一个非正规的农场。"

青绿红胡子医生："哦，我还想听你说更多。"

农民黄鼠狼："长时间加班没有加班费，甚至与前一个工作人员都没有工作上的交接，从第一天开始工作就很辛苦。"

青绿红胡子医生："那确实是很辛苦。"

农民黄鼠狼："而且农场总是接一些奇怪的订单。比如说黄鼠狼村谁都没有种过的洋蓟，或者是不知道是什么种类的罗马花椰菜，并且还总是承诺'从现在开始三天之内做好交货'。偶尔向农场主提一些建议，它却说'现在就是种这种稀有蔬菜的时代，我们也是为了农场的将来考虑'……"

因为青绿红胡子医生一直在耐心地倾听，农民黄鼠狼越说越多，旁边的黄鼠狼们看着看着忽然发现了一个问题，那就是青绿红胡子医生基本没有表达过自己的意见，它的回答要么是重复农民黄鼠狼所说的事情，要么是让农民黄鼠狼说具体的事例和它的意见，要么是诱导农民黄鼠狼一直述说，要么就是随声附和农民黄鼠狼的意见。它所说的"意见"最多也就是"你要好好地排解压力呀"之类而已。黄鼠狼们便问旁边的变色龙。

黄鼠狼们："你看这个青绿红胡子医生有没有认真地思考啊？"

变色龙："嗯？思考什么？"

黄鼠狼们："就是到底有没有自己的意见啊？"

变色龙："啊？那个啊，那是不可能有的！"

黄鼠狼们："啊？为什么呢？你刚才不是说这个机器人懂得语言吗，我们还以为这个机器人会经过思考再讲话呢。"

变色龙："经过思考再讲话？你是指什么？"

黄鼠狼们："你看，它回答问题时，是在认真理解了对方的话语之后才发表意见的吗？"

变色龙："理解了对方的话语才发表意见？虽然我还是不明白你们到底是指哪个方面，但还是让我先来告诉你们青绿红胡子医生的几个运转规则吧。它基本上会把对方所说的话中的主语和句末的感叹词'啊'之类的去掉，然后在前面加上'哦'之类的，后面加上'然后呢'，这样来回答。"

我没有食欲啊！

↓

没有食欲。

↓

哦，没有食欲，然后呢？

黄鼠狼们："不是吧？那不就是重复一下别人说过的话而已吗？"

变色龙："别的还有很多种规则啊。比如说，没怎么听懂别人说的话的时候就会回答'哦，然后呢'或者是'我还想听你说更多'。然后从对方的话语中摘取一个关键词，再根据这个词来决定自己的回答。比如说听到了'失眠'这个词语的时候，标准回答就是'你自己觉得是因为什么呢'。听到了'各种'这个词语的时候就会提问'能给我举个具体的例子吗'。听到'非常感谢您啊'或者'再见'的时候就会回答'那就请你多多保重'。听到了'压力'的时候就会回答'有压力就要好好释放一下啊'。青绿红胡子医生实际上不懂得'压力'是什么意思，只是单纯地针对一个字面上的词语做出回答而已。"

黄鼠狼们："不是吧！也就是说它虽然回答'有压力就要好好释放一下啊'，但是实际上它并不是这么认为了才这么说的啊！"

变色龙："没错。还有龙龙酱是用不同的方式设定的。我们教给了龙龙酱很多'比较好的对话方式'，对话的例子都是成对出现的，也就是说，'一方这样问的时候，另一方就这样回答'的方式。比如说'最近怎么样''还可以吧'这样的对话龙龙酱就知道很多。"

问：最近怎么样？

回答：还可以吧。

问：我有点生气了。

回答：生气了啊，呜呜……

就这样，龙龙酱在与别人说话的时候，就会在自己掌握的"对话的例子"中寻找与对方的话相似的问题，由此来做一个"相似性"的排名。然后从其中选择一个最接近的"答案"作为自己的回答。要怎么做出这个"相似性"的排名，这就需要我们用各种方法来教会机器了。

变色龙还想接着介绍的时候，黄鼠狼们开始插嘴了。

黄鼠狼们："龙龙酱是这样学说话的吗？那不就只是重复以前和别人的对话而已吗？"

变色龙："从某种意义上，可以这么说。"

黄鼠狼们："那和我们想要做的完全不同啊。既没有完全理解对方的话，回答时说的也不是自己真实的想法。唉，我们被骗了呀。"

变色龙有些不高兴了。

变色龙："那你说说你们自己想做什么样的？在对话的时候是'完全明白对方的意思'，还是总是'只说自己的想法'？难道不都是先提出问题，再做出恰当的回答吗？"

经此一说，黄鼠狼们开始思考这个问题。

黄鼠狼们："哦，是呀，我们进行交流时总是要说出适合的话才可以。"

变色龙："你看，是这样吧。"

黄鼠狼们："但是我们是在认真考虑了之后才回答的啊。"

变色龙："但是这种回答也没什么意义！那我问你，你能保证你的回答不是像龙龙酱一样'过去有过类似的对话'吗？"

黄鼠狼们想了一会儿。

黄鼠狼们："嗯，确实会出现与以前相似的对话，但是一定也会有以前从来没有过的对话，让我们想一想。对了，就是现在！现在我们就是认真思考之后才回答的。"

变色龙："真的吗？"

黄鼠狼们："是真的！就是这样！"

变色龙："那证明一下吧，你们以前从来没有听过也没有说过类似的话语。"

黄鼠狼们开始思考这个问题，确实认为是在认真思考之后才回答的，但是这个可以通过什么证明呢？黄鼠狼们完全没有头绪了，这样慢慢地也越来越没有自信了：或许我们也是模仿以前听过的对话而已呢；或许虽然认为现在的自己是在认真思考，但这也是自己的感觉，并不是真正的思考。同时它们也有了另一个想法：自己现在确实在思考，但是自己现在第一次思考的内容是不是也只是重复以前从哪儿听到的呢。

黄鼠狼们："我们还是认为我们已认真地思考过，但是这个没有办法证明。"

变色龙："你们这样想也可以。但这样你们想要表达的意思我们也不懂了。本来自己到底有没有在思考，这谁也不知道，别人到底有没有在思考，就更难知道了。所以我们认为考虑这个问题本身就是在浪费时间。

"而且不管是青绿红胡子医生还是龙龙酱，它们都只是闲聊用的机器人，是为了享受漫无目的的聊天而做的，仅是一种娱乐而已。它们到底有没有在思考本来就没有关系。'它们看起来好像在思考''它们好像很理解我啊'，我们村的变色龙认为能有这种感觉就可以了。不管是哪个机器人，在现实中只要能把快乐带给村民就可以了。这样有什么不好吗？"

黄鼠狼们："也不是觉得有什么不好，只是认为和我们想要的不太一样。"

变色龙："那你们究竟期待机器人可以做什么呢？"

黄鼠狼们："我们是要做出什么都懂、什么都能做的万能机器人。听说你们这儿有'会说话的机器人'，我们才特意赶过来观摩的。"

变色龙："什么都懂的意思是拥有整个世界的知识吗？我们既没有做也不想做这样的机器人。哦，对了，最近好像听说这样的机器人已经面世了。"

黄鼠狼们："啊？在哪儿呢？"

变色龙："蚂蚁村好像做出来了，知道很多事情，不管问什么都能回答出来。"

黄鼠狼们："啊？！"

黄鼠狼们太惊讶了，马上就赶往蚂蚁村。刚才的农民黄鼠狼完全没有发觉别的黄鼠狼们都已经走了，还在专心地与青绿红胡子医生交谈。然后，在一大堆关于工作的谈话结束后，农民黄鼠狼叹了一口气。

农民黄鼠狼："唉，我现在对很多事情都很后悔啊。"

青绿红胡子医生："哦？对很多事情都很后悔，可以举一个具体的例子吗？"

农民黄鼠狼："我在想今后该怎么办呢？"

青绿红胡子医生："那你觉得应该怎么办呢？"

农民黄鼠狼："对啊，我只要回到以前的农场就可以啦！对呀！这样就好了嘛！就什么也不用烦恼了。"

农民黄鼠狼一脸轻松地和青绿红胡子医生道谢。

农民黄鼠狼："多亏了你，我才能找到解决办法。青绿红胡子医生，非常感谢你！"

青绿红胡子医生："那请你多多保重了。"

2.1　图灵测试

人们在讨论"智能语音识别"的时候，必定会提到一个重要的研究，那就是在 1950 年由英国的数学家图灵发表的论文《计算机器与智能》。可以说，有关人工智能的研究都起始于此。

图灵提出了一个问题："如何判断机器到底有没有智能？"他得出的结论是，如果一台机器能够与人类展开对话而不能被辨别出其机器身份，那么这台机器就具有智能。根据这个结论，图灵提出了判断机器有没有智能的测试，这种测试就被称为图灵测试。

图灵测试中有人类提问者、人类回答者、机器回答者三种身份。人类回答者和机器回答者被安排在人类提问者看不到的地方。人类提问者通过键盘输入等方式与人类回答者和机器回答者对话，由此来观察他们的反应。根据他们之间的对话，如果人类提问者认为"无法分辨出哪个是人类回答者、哪个是机器回答者"，就可以判定机器是智能的。

大家认为这个测试怎么样呢？很多人认为无法根据这个测试判断机器人是否拥有智能。实际上，在图灵发表这个测试的时候就有很多反对的意见。但是图灵针对这些反对意见提出了自己的看法，其中最具说服力的是，即便是人类之间，要判断对方到底有没有智能也只能通过其行为来推测。如果否定了通过行为来推测这件事，那就会陷入"自己以外的人类都是没有智能的"这一结论（即唯我论）中去。

人们日常与其他人生活在一起的前提就是认为其他人与自己一样拥有智能，会理解、会思考。图灵的看法是，如果否定图灵测试，那就是质疑这一前提，也就变成强烈怀疑"自己以外的人类实际上没有智能，却装作有智能的样子"了。

虽然这种观点很有说服力，但是仍然有很多人持反对意见。在这些反对意见中，就有人认为，人类在理解了某些事情的时候就会有"我懂了"这种感觉，这是不管说多少"好像懂了的对话"都替代不了的。但是要说这个能从根本上否定图灵测试也还不够。因为人们自己觉得"我懂了"这一感觉的主体还是自身，并不能完全让人信服。可能我们都有过这种经历，本来觉得自己明白了，但最后还是发现没有明白。要完全推翻图灵测试是一件困难的事情。

2.2 聊天机器人的现状

以"是否具有与人类毫无差别的会话能力"来作为"是否拥有智能"或者"是否能够听懂语言"的判断标准真的可行吗？为了研究这个问题，首先来了解一下"能与人类对话（也就是聊天）的机器人"的研发现状。

目前，聊天机器人大致分为以下两类。

一类有明确的目的，人们事先把需要的全部信息教给机器人，并制定一定的规则。比如可以通过对话实现查找饭店，告诉人们公共汽车的出发和到达时间，以及回答具体问题等，这种机器人就属于这一类型。要做成这种机器人就必须先教会它所需要的所有信息。比如说要使它能够告诉人们公共汽车的出发和到达时间就必须事先存储好每个公共汽车的停留站的发车时间数据。关于这种机器人是如何通过庞大的数据来寻找答案的，将在下一章中介绍。

另一类没有明确的目的，也可以称之为闲聊机器人。为什么我们要做闲聊机器人呢？这是因为闲聊在现实中有时也会有非常大的作用。日本研究对话系统的东中龙一郎认为，即使是存储了大量信息的有目的性的机器人，如果不能闲聊，也无法与人类进行长时间的交谈，而如果是这样的话，则很有可能在人类问到真正想明白的问题之前机器人就已经放弃对话了。另外，有调查显示，人类每天所说的话中的 60% 都是闲聊。如果想要开发与人类相似的机器人，那就绝对不能忽视它。

在图灵测试中设定的"会话机器人"属于上面两类中的哪一类呢？人们自然会觉得更接近第二类。图灵测试中判断机器人是否具有智能的标准就是其是否拥有"让人类无法分辨的会话能力"。第一类的机器人要达到"告诉人们准确信息"的目的，就必须先让人类感到机器人有"人类感"。如果对人类的问题机器人回答得太过详细全面，难免会使人感觉"好像机器一样"。在为进行图灵测试竞赛而设立的罗布纳奖的评选中也有例子表明，能完美模仿人类错误的机器人会被判定为"更像人类"。所以说，对闲聊机器人而言最重要的并不是"完全回答出人类的问题",而是是否能够完成"在人类看来更自然的会话"。这在图灵测试中对于判断机器人是否拥有智能来说变成了一个越来越重要的标准。

闲聊机器人很早就进行开发了,最有名的是 1966 年开发的程序"ELIZA"。它掌握了很多相似类型的规则,然后根据人们用键盘输入的"问题"类型来寻找合适的答案。前面故事中的青绿红胡子医生就是以这个为模型做出来的。"ELIZA"中的一个"治疗师"设定程序非常受欢迎,曾有人聊了几小时都没有发现它是机器人。其中一个原因可能就是程序行为与遵从规则的事务性工作的治疗师感觉极相似。

与以前相比,现在人们收集了相当多的人类真实会话数据,而且机器学习的技术也更加发达,目前机器人开发者更多地会使用"从大量会话数据中寻找与现在的问题最接近的来决定最终答案"这一方法。日本微软公司的 AI 女高中生"LINNA"和前面讲到的龙龙酱就是这一类系统的模型。

有一点需要注意的是,在变色龙村的故事中登场的龙龙酱和青绿红胡子医生并不能完全反映当下聊天系统的状况。故事中的机器人是"听懂问题后,发出声音回答",现实中的模型"ELIZA"和"LINNA"都不是机器人,只能通过文字来提问和回答。现实中的机器人要实现具有身体并且能根据听到的声音进行自然流畅的对话,在处理上就要极大地缩短对话过程中机器人的反应时间,这在技术上还有许多问题亟待解决。另外,"要不要转移话题""要转移到什么话题"等这些判断要根据之前的对话、对对方的了解以及尝试、表情等要素去考虑,而解决这些问题更是难上加难。

2.3　模糊的交流,模糊的理解

现在回到"能够进行自然的对话"和"能够理解语言"是否能画等号这一问题上来。如前文所述,现实中还没有可以完全实现自由对话的机器,即使可以与人交流,也只是属于稍微让我们觉得"自然"。然而,像"ELIZA"这样,它基本上并不具备什么知识,只靠着简单的流程运转,而且对于"基本回答不出来我们问题"的系统,人类反而认为它更像"是人类",这是一个很有意思的现象。那么，我们思考一下，这又是为什么呢？

其中一个原因可能是我们平时说话的时候其实都不会特意去考虑"语言的内容"。我们在闲聊时，注意力会集中在哪些方面其实并没有一个准确的答案。但是，相比对话的内容而言，我们有时可能更多的将关注点放在了对对话的感觉怎么样，说话时对方的样子如何，对对方说的事情是感到开心还是生气，对方的表达中透露出了对自己的喜欢还是厌恶等方面。人类在进化之前也是一种"动物"，和"别的动物"是否合拍，这取决于对方是敌是友，比自己强还是弱，应该攻击还是逃跑——通常这些是最先被注意到的，也是自然反应。

另外，闲聊与其他方式的对话相比，在维持与对方的关系、继续顺畅交流方面更加重要。虽然是因人而异，但是闲聊的时候大部分人不会对对方说的话多加思考，也不会特意去找对方的错误。有人和你说"我们一直做朋友吧"的时候，你不会去问"'一直'是到什么时候？'朋友'具体是什么样的关系？一年至少写一次信能算'朋友'吗？你的这句话是你自己的意见，还是在征求我的同意呢"。多数人会认为对方的这个表述"是在对我表示好感"，下面应该考虑的是自己对对方的好感应该做出什么样的回应。

闲聊中类似这种"不管内容是否正确的模糊的交流"有很多。现在我在咖啡店写这篇文章，周围一直传来"不是吧，那么……""啊，是吗？""哇，然后呢？""那太厉害了！"这样的声音。虽然不知道别人的谈话内容，但是无非表示对对方的肯定或否定或疑问。这种"不甚了了的回答"，会明确地传递给对方"他赞同""他不赞同""他对我说的有兴趣"等信息。运用"模糊的语言"可以很方便地了解对方的样子、对方的心情等。

不知是不是意识到了这一点，机器人的对话中为了增加闲聊的自然感觉也经常会有"模糊的语言"出现，为了增加语言使用的自然感觉也下了很大功夫（给系统增加人物性格色彩），比如说"LINNA"会经常回答"好呀好呀""嗯嗯"，"ELIZA"会经常回答"能再告诉我一些吗"等。在我们人类看来，给机器人明确规定所说语言的具体每一句话的意思，不如让它"大概明白就可以"这种表现更像人类。

2.4　"判断真伪"级别的语言理解

　　闲聊中"模糊的语言，模糊的理解"并非完全不可取，相反，它们在形成和谐的人际关系方面是非常重要的。如果稍微扩大一下范围就会发现，在闲聊之外的很多场合也会出现"模糊的语言"。比如说，有人冒充熟人进行电话诈骗，经常会说"喂，是我啊，我"，这就容易使接电话的人误认为这是"一个认识的朋友"；在一些会议中经常会出现"我们的目标是创造一个……"，类似这样的语言是模糊的，但听起来能鼓舞人心。

　　这种模糊的语言也有许多完全不能使用的场合。刚步入社会的时候，经常会有人觉得"我和家人、朋友交流的时候感觉很顺畅，但在和工作对象沟通的时候就不能很好地发挥"（笔者也是其中一个）。事实上，工作上的报告和交流以及法律上的契约等更重视的是"正确地传递信息"以及"正确理解对方的言语"，在这种场合使用模糊的语言就会给双方带来一些麻烦。

　　另外，在做学问的时候，也要注意避免使用"暧昧化"的语言。在以"知识增加"为目的的时候，必须要客观地判断某人的观点是正确的还是错误的。如果是不辨真伪的论点，在学问上就没有任何意义了。

　　从以上几点来看，"懂得语言"这件事除了"能够进行自然的对话"之外，还有许多其他的方面需要考虑，至少要考虑一下"是不是真的""是不是对的"或者"是否有疑问"等这些关于判断真伪的问题。机器人"能够进行自然的对话"而不能做到"判断真伪"，就不能视为已经懂得语言了。当然，能够进行自然对话可能既不是懂得语言的必要条件也不是充分条件。从前面的论述可以看到，即使机器人能够进行自然对话也不一定就是懂得了语言，懂得了语言也不一定就能掌握所有的自然对话。

　　那么，到底机器人要满足什么标准，这个标准要达到哪种程度才可以呢？我们在下一章会进行详细介绍。

第3章

正确回答问题的能力

　　黄鼠狼们马上出发来到了蚂蚁村。虽说是叫蚂蚁村，但看上去也不过是在森林中的一个小土堆而已，而且还总是被食蚁兽攻击，一直在反复建设中。

　　到了蚂蚁村附近的黄鼠狼们，在蚂蚁们的土堆前面看到了一个以前从来没有见过的机器。这个机器远看像是一只巨大的蚂蚁。黄鼠狼们到了旁边，才看到在机器前面出现了一只食蚁兽。这只食蚁兽看到比自己体形大很多的机器也是十分惊惧。突然，巨大的蚂蚁机器人开始说话了。

　　巨大蚂蚁机器人："我是蚁神，你是谁？"

　　食蚁兽："看清楚了，我是食蚁兽！"

　　巨大蚂蚁机器人："食蚁兽，就是你给我们蚂蚁村带来了灾难，快点走开，不然我吃掉你！"

　　食蚁兽："啊，救命啊！"

　　食蚁兽边喊边落荒而逃。

　　黄鼠狼们："这就是蚂蚁村的机器人吧！刚才好像确实在说话呢。"

　　黄鼠狼们无比震惊。因为蚂蚁们不会说话，黄鼠狼们以前从来都没有把蚂蚁们当回事儿。而实际情况是，蚂蚁们并不是不说话，而是别的动物们听不懂它们的语言。

黄鼠狼们转念又一想，会不会那个巨大的蚂蚁机器人和变色龙村的机器人一样，其实也不会自己思考。为了验证这个想法，黄鼠狼们站在了巨大蚂蚁机器人的前面。这时巨大蚂蚁机器人开始说话了。

巨大蚂蚁机器人："我是蚁神，你们是谁？"

黄鼠狼们："我们是黄鼠狼。"

巨大蚂蚁机器人："黄鼠狼，我是万能的蚁神，什么都知道。有什么疑问请说吧。"于是黄鼠狼们就开始提问了。

黄鼠狼们："那么，富士山有多高呢？"

巨大蚂蚁机器人："有 3776 米高。"

黄鼠狼们："哇，回答完全正确！"

黄鼠狼们很惊讶，紧接着又问："美国的首都是哪里？""1603 年是谁建立了德川幕府？"

巨大蚂蚁机器人依次都给出了正确答案，它们是"华盛顿""德川家康"。

黄鼠狼们："了不起，真的什么都知道呢！""是不是问题都太过简单了呢？那就问个稍微复杂的问题吧。"

老师黄鼠狼："那么，这个问题你知道吗？（抬头向巨大蚂蚁机器人提问）在桶狭间合战中击败今川义元的人于 1576 年所建城的名字是什么？"

黄鼠狼们："如果不知道在桶狭间合战中击败今川义元的人是谁，那么这个问题肯定回答不出来。"

可是巨大蚂蚁机器人毫不犹豫地就回答了出来："安土城。"

黄鼠狼们："哇，这么厉害啊，完全正确！"

黄鼠狼们正在感叹，这时旁边突然出现了一只浣熊。这只浣熊独自居住在附近的山上。它没有和其他浣熊同居，也不属于任何一个村庄。而且因为它性格温和、博学多才，在这村落附近居住的动物们在遇到问题的时候都会来找它商量。这时浣熊站在黄鼠狼们的旁边开始向巨大蚂蚁机器人提问。

浣熊："猫头鹰小福从卧室拿了张报纸，然后走过厨房，向书房走去。那么现在这张报纸在哪里呢？"

黄鼠狼们："喂，浣熊老师，您这问的是什么啊？这也太简单了，应该马上就能答出来吧。"

可是这时巨大蚂蚁机器人居然沉默不语。浣熊和黄鼠狼们默默地等待它的回答。沉默了片刻后，巨大蚂蚁机器人才开始回答。

巨大蚂蚁机器人："客厅厨房。"

黄鼠狼们："啊？不是吧······这是答错了？""答错了吧。答案应该是书房才对啊。"这时浣熊又开始继续追问。

浣熊："鼹鼠小平买了 12 个馒头，一个 5 块钱，把其中一半分给了妹妹，然后又分给两个朋友一人两个。之后又去店里买了 25 块钱的。那么现在鼹鼠小平手里有几个馒头呢？"

黄鼠狼们心想："怎么又是这么简单的问题。这种问题连我们黄鼠狼小学的学生们都能回答出来。"可是再看巨大蚂蚁机器人，居然还没有回答上来。在沉默了一会儿后，它小声说话了。

巨大蚂蚁机器人："下一题。"

黄鼠狼们："啊？""下一题，也就是说这道题不知道？""难道是不太擅长算术类的问题？""还是再细问一下吧。"

于是黄鼠狼们分别提问："25÷5 等于多少？""12÷2-2×2 等于多少？"然而，这些问题巨大蚂蚁机器人却精确无误地回答出了"5""2"。

黄鼠狼们："也不是不会算术类的问题啊，那为什么刚才的问题却回答不出来呢？"

这时浣熊从怀里掏出了一个苹果，继续提问。

浣熊："这是什么？"

黄鼠狼们心里嘀咕，怎么又是这种毫无难度的问题啊，肯定能回答上来啊。可是一看巨大蚂蚁机器人，居然又是沉默不答。看到这里，黄鼠狼们开始了讨论。

黄鼠狼们："喂，难道这个蚂蚁机器人不知道这是苹果？""如果知道苹果这个词的意思，应该是可以马上回答出来的。这个机器人确实听懂了吗，好像哪里不太对劲啊。""那刚才回答出来那些问题难道都是偶然吗？""肯定是，蚂蚁们也只能做出这种水平的东西吧。"

这时，突然从蚂蚁窝里涌出了很多蚂蚁，它们都进到了巨大蚂蚁机器人的耳朵里。然后，巨大蚂蚁机器人开始讲话了。

巨大蚂蚁机器人："这种水平？你们这些黄鼠狼！"

黄鼠狼们："吓了一跳。果然能听懂啊！"

但是刚才那些蚂蚁们都钻进了巨大蚂蚁机器人里面，说不定是那些蚂蚁们在说话。黄鼠狼们向巨大蚂蚁机器人说出了它们心中的疑问后，得到了肯定的回答。

蚂蚁们："你们说得对，我们蚂蚁村的村民们是通过这个机器人来说话的。你们不要以为我们听不懂而嘲笑我们，什么这种水平的东西，随便用言语伤害我们。这个蚂蚁机器人可是我们自己发明出来的，你们知道我们克服了多少艰难险阻吗？"

黄鼠狼们："真是对不起，这个机器人真能听得懂吗？还是猜的呀？"

蚂蚁们："真没礼貌。这个机器人可是在认真理解了问题的意思后才回答出来的。"

黄鼠狼们："真的吗？怎么做到的呢？"

蚂蚁们："不知道你们能不能明白，我们先这样解释。首先，这个蚂蚁机器人被提问的时候是认真分析了问题才确定的'回答类型'。"

黄鼠狼们："回答的类型是什么意思？"

蚂蚁们："比如说'美国的首都是哪儿'这个问题，回答的类型是地点。'1603 年是谁建立了德川幕府'回答的类型是人物。像这种'地点''人物'就是回答的类型。为了做这个机器人，我们准备了 1000 多个包含'地点''人物'等的'回答类型'。当被提问的时候，它就会推测答案的类型。"

黄鼠狼们："哦。"

蚂蚁们："你们反应好冷淡啊！光是做这些工作就很难，而且还有别的课题呢。接下来就必须要从提问中选出关键词。比如'1603 年是谁建立了德川幕府'这个问题里的关键词就是'1603 年'和'德川幕府'。

"然后使用这两个关键词在事先准备好的信息源中进行检索。我们的信息源以世界上的虫子们编撰的《微基百科》为首要,还有各种词典、新闻报道等。在这里面找到含有关键词'1603 年''德川幕府'的句子,并从句子里提炼出人物的名字。这些就是候选答案。含有'1603 年''德川幕府'的句子里大概有'丰臣秀吉''德川家康''德川庆喜'这几个人。"

黄鼠狼们:"那是从这几个人中选出答案吗?"

蚂蚁们:"对啊!先在'候选答案'里面做一个排名,排名第一的'德川家康'就是正确答案。"

黄鼠狼们:"那你们的排名是怎么做出来的呢?"

蚂蚁们:"要简单说明白很困难,需要综合考虑很多方面。比如说提问的关键词和每个'候选答案'的距离远近,也就是它们在句子中大概隔了几个字、是不是在同一个段落里面等这种表层性的注意点。这是因为正确答案往往是在离问题的关键词最近的地方出现的。比如刚才的例子吧,正确答案'德川家康'往往就出现在离关键词最近的地方。但是也有例外,比如考虑的关键词过多,想要尽量做出最接近正确答案的排名,或想要对任何提问都能成立,这样的话结果就很不理想。"

黄鼠狼们:"嗯,但是它方才对那个浣熊的问题的反应也太奇怪了。就只是'猫头鹰小福从卧室拿了张报纸,然后走过厨房,向书房走去。那么现在这张报纸在哪里呢'这么简单的问题,为什么都回答不上来呢?"

蚂蚁们:"你们有没有认真听我刚才的解释呢?就像我刚才说的一样,蚂蚁机器人是从问题中找出关键词,然后检索百科全书、词典、新闻报道等信息源来寻找答案。也就是说,词典、新闻等里面如果没有记录,那它是找不出答案的。'从卧室拿了张报纸,然后走过厨房,向书房走去,这个报纸现在在书房'这种事情当然不会写到词典等中,它当然也就不知道正确答案了。"

黄鼠狼们:"什么呀,这种连三岁小孩儿都会的问题它都答不出来,这完全不可行嘛!"

蚂蚁们:"你们这样想也没办法。我们做出机器人的目的也不是为了了解小孩子都会的问题,而是因为这么大的世界有那么多我们不知道的事情,如果能通过它,从书海中检索出我们所需要的知识就太好了。从这一点来说,我们已经完全达到了目的。实际上它已经理解了我们的语言,并且给出了高概率的正确答案。"

黄鼠狼们："那也不能认为它理解了语言吧？刚才浣熊给它看一个苹果它都不知道是什么。"

蚂蚁们："那也没什么办法。机器人没有加上类似'眼睛'的传感器，而是加了感知它周围的重力的传感器，以此来知道有人在提问。只是它并不能分辨出提问的是什么动物，几乎没有任何有关外部世界的信息。所以它实际上可能并不知道苹果是什么形状的。但是关于苹果的问题它能回答出来，这就足够了。"

黄鼠狼们："嗯，那还是有些奇怪，没见过苹果，也没有吃过，虽然能回答关于苹果的问题，但也不是真正意义上的'懂得语言'吧？"

蚂蚁们："不能这么说！我们的机器人毫无疑问可以说'懂得语言'！它能正确地回答问题，还有比这更能称为'懂得语言'的证明吗？你们的要求也太高了！"

黄鼠狼们："我们想要做非常厉害的机器人，是真正意义上的'万能'机器人！刚才那个浣熊的问题肯定要轻易地就能回答上来！"

在黄鼠狼们说话的时候，巨大蚂蚁机器人的身体缓慢晃动着并且发出了笑声。这应该是里面的蚂蚁们在笑吧。

蚂蚁们："真正意义上的'万能'？你们肯定做不出来！"

黄鼠狼们："什么意思！觉得我们很笨吗？！"

蚂蚁们："你们大概不知道'真正意义上的万能'是什么意思吧！"

黄鼠狼们："你们说得不对！我们肯定会做出更厉害的机器人！"

蚂蚁们："是吗？那我们打赌吧！要是你们没有做出'万能'机器人，那接下来的一年中，每一天都得送我们 100 份点心。怎么样？"

黄鼠狼们听到蚂蚁们要和它们打赌,忍不住答道："知道了！打赌就打赌！但是如果我们成功了，你们一年中的每一天就得给我们送 100 块方糖！"

蚂蚁们："好，那就这么决定了！"

3.1　能回答问题的机器

"记忆力"和"检索能力"可以说是机器能力的代名词。我们现在很多时候都是依赖这些生活的。日常生活中，我们也经常会在检索框里输入关键词，然后机器从大量文章中找到我们需要的信息并输出。

但是有时候会出现仅依靠几个关键词找不到我们需要的信息的情况。这时候就像咨询专家一样，我们需要以"句子"的形式来提问。普通的检索中，机器的工作就是"找到含有指定关键词的文章，按照关联度高低排序"。之后我们必须阅读这些文章，靠自己的能力去寻找需要的信息。如果机器能够理解我们的问题，还能从大量的信息中找到合适的答案，则会给我们带来很多方便。

在机器上输入句子形式的提问，让机器从大量的文章中寻找正确答案，这种"问题回答"的方式现在被广泛研究。2011 年，IBM 制造的"沃森"参加了问答节目，回答了用英文语句提出的问题，并且战胜了人类的答题王。沃森之后被用于疾病诊断及治疗方法推荐上，成果十分显著。我们现在用手机助手就能获得简单问题的答案了。

我们对前面蚂蚁们与黄鼠狼们的对话稍加延伸，这种"回答问题的机器"的工作模式基本上有以下几步。

● 从提问的句子中推测"答案类型"

机器首先需要从问题中判断"要寻找哪种类型的答案"。必须要回答的是人名、地名，还是别的什么名字。除此之外，还需要考虑其他方面的需求。

多数问题回答系统都是先准备好"答案类型的分类"，再分析问题需要的答案类型与准备的哪种答案类型最为接近。"答案类型的分类"的准备需要多大的规模和什么内容由问题回答系统的目的来决定。比如说，沃森中存储的"答案类型的分类"仅是大的范围分类就有 2500 种。但是，越专业的目的，比如说医疗专业问题回答系统，"答案类型的分类"一定会越狭窄，内容也越具专业性。

● 根据从问题中提取的检索关键词，搜索信息源

答案的类型如果能确定，接下来就可以从信息源中搜索答案了。大部分情况下机器并不是通过问题本身进行检索，而是提取出问题中的关键词来检索。关键词经常是一些专有名词（人名、地名，或者是有唯一性的词语）、专业用语、年份或日期等时间词语以及长度或者价格等数字。总之，就是信息源中可以确定的"含有答案的文章"中的特定词语。

信息源就是预先存储在机器中的文字资料。信息源中包含哪些内容的资料，它们的数量有多少，根据问题回答系统的目的而有所变化。比如说，IBM的沃森挑战问题的时候，新闻、百科全书、词典、博客、《圣经》等各种各样的资料都是检索对象，但是与医疗相关的系统就只需要诊疗记录、医学论文等专业可信赖的资料，不添加多余的资料会更容易找到合适的答案。不管是什么专业的系统，要找到正确答案，都要努力避免添加推测性的或者虚假的资料。

● 从检索的资料中提取候选答案

找到了含有关键词的资料后，再从其中提取出与答案类型一致的词语，添加到候选答案列表中。

这时，候选答案列表中一定包含正确答案，但是同时候选答案的个数也可能过多，此时必须根据情况决定搜索到的资料怎么排名、排在前多少名以内的答案可以提取出来等。

● 根据候选答案列表的确信度选择答案

最后就可以从候选答案列表中选择答案了。此时，需要将每个候选答案进行排名，排名第一的那个就是正确答案。答案排名的标准是要看问题中所含的关键词与各个候选答案中间隔了多少个词，以及它们在不在同一句话或者段落里面等这些表层性的特征。不管是哪种，要找到正确答案都需要根据使用的分类和目的进行试错。

上面所说的是大多数回答问题的机器采用的工作模式。由此可知，这些机器的高准确率依赖于信息源。所以，这些机器擅长回答存储的资料中有的问题，而不擅长资料中没有写出的问题，比如对资料中不会写出的常识性的、日常性的问题就很不擅长。

3.2　"语言世界"中的"理解"一词

看到这儿，读者们可能会有这样的印象，比起前面的闲聊机器人，本章中的问题回答机器人更具智慧。如我们所见，闲聊机器人并不是必须追求真正的答案或者正确的答案，而问题回答机器人的答案却必须经过正确与否的检验。针对"开创德川幕府的人是谁"这一问题，如果回答"德川家康"就是正确的，如果回答"德川庆喜""江户城""天妇罗"则是错误的。

为了减少错误率、增加正确率，问题回答机器人比闲聊机器人向"有意义的领域"又迈进了一步。基本上问题回答机器人都有为关键词即候选答案根据意思进行分类的功能——能够识别出"德川家康"和"柴可夫斯基"属于"人物"，"日本"属于"国家"，"苹果"属于"水果"。也有将动词和主语、宾语的关系加入考虑范围的系统，比如"吃"的主语是"动物"，而后面连接的宾语是"食物"。另外，在根据关键词检索信息源的时候，也会利用与它叫法不同但意思一样的词语（同义词）。类似这样的为了考虑问题和答案的"意思"而在问题回答机器人中加入的要素有很多。

那么这种问题回答机器人可以认为是已经理解了语言了吗？

能够立刻想到的反论肯定是"不是没有跳出语言世界吗""不是不理解问题和答案中所提到的具体的物品吗"，这也能称之为理解语言了吗？就像前面黄鼠狼所说的一样，"既然没有吃过苹果甚至都没有见过，就算能正确回答关于苹果的问题，也不是真正意义上的理解吧"。机器人没有安装摄取外界信息的感应器，没有体验过苹果这一实物究竟是什么样子的。另外，它也不能分辨苹果和其他水果的不同。对于机器人来说，即使告诉它苹果属于水果的类别，它也不明白水果的意思；即使知道吃的宾语是食物，因为没有感应器，它也不知道吃究竟是什么动作，因为机器人没有嘴、牙齿、舌头和消化器官，也不能体验吃是一种什么样的感受。

最近也出现了通过感应器认识外界事物的机器人（下一章会介绍），但是大部分的问题回答系统还是根据语言进行的问题分析，再根据语言存储的信息源搜索问题的答案。也就是说，现今的问题回答系统不需要与外界有联系，是可以仅根据语言就能完结的一个系统，所以也难免有人认为"这个机器人并不是完全理解了才回答的"。

但是，人们日常所说的事情都是"看到实物"或者"知道具体的行为"才会说出来的吗？稍微考虑一下就知道并非完全如此。比如在学习日本历史的时候我们都知道"开创德川幕府的人是谁"这一问题的答案是"德川家康"，但是现在没有人直接知道"德川幕府"和"德川家康"。另外，"开创幕府"这一动作具体是怎么回事也没有人见过。

也就是说，很多时候在人们说话时是"没有经过实际体验"或者"没有超出语言世界范畴"的。实际上，如果把"体验过的事情"和"理解的事情"画等号，我们的世界就会大大缩小。我们出生之前的年代和没有去过的地方，还有自己无法体验的事情可以通过语言来获知，这也是我们的生活方式。

但是如果在被提问的时候，我们用语言将学到的知识回答出来，这里面又包含什么秘密呢？第一是信息源的依赖性——"可信赖的人如此说了""可信赖的文章中这样写了"。比如说刚才的问题"德川幕府是谁开创的"，大多数人回答的根据就是"历史书上这样写的"或者"历史老师这样说的"。这种方法与问题回答机器人的共通点就是"信赖度的证明"（如果大家注意到历史书中"德川幕府"与"德川家康"这两个词语之间的距离很近，就能判断"德川家康"是正确答案，这和机器人的理解方法是很接近的）。

更深层次考虑的话，又有什么证据能证明"可信的人"和"可信的文章"是正确的呢？或许可以向更加可信的人请教，但是"最可信的人"又能向谁去请教呢？

这样想的话就会发现，与"可信的人的关系"是无法一直通用的。一定会有某些时候，坚信自己正确的人无法确信从别的人那里听到的信息，会与之意见相左。"确认正确性"无非是判断某个语言表达的事情真实与否，要从语言之外的现实世界进行确认。此时我们就必须要考虑语言与现实世界之间的一致性。

这时候要清楚，不管什么时候语言与现实世界都是能对应上的。我们在理解和判断某篇文章的内容正确与否的时候，首先要根据经验推测其与现实世界是否一致。然后，综合各种条件，经过客观调查与可行的实验再现，判断推测的结论是否正确。即使无法确认，如果能推测出来，也能做出某种意义上的判断。比如说根据推测的结论与已知事实是否矛盾，判断信息源是否值得信任，由此可以做出可信度高低的判断。特别是一种新知识产生的时候，某件事真实与否必须要经过客观判断，不能仅仅依靠某个对此很了解的人说是真的那就是真的。这个对此很了解的人不管是多么伟大的人，或者多么确定，都不可完全信赖。

"不跳出语言世界范畴的问题回答机器人"和"不跳出语言世界范畴说话的我们"最大的不同就是这一点。无法体验现实世界的机器人就无法预测"某篇文章的内容是真实的时，在现实世界会是什么样子的"，仅仅只能依靠可信赖的文章中词语的远近这种语言上的特征，来做出与人类相近的真假判断。

那么，所有语言的意义在现实世界中都有体现吗？最近有关图像识别的研究不断推进，也有人提出了"是否懂得语言的意义，只能通过语言与图像的结合来判断"的观点。是否真的是这样呢，我们将在下一章进行详细讨论。

第4章
语言与现实世界的联系

离开蚂蚁村的黄鼠狼们渐渐地感到不安。它们和蚂蚁们已经说了大话，但是心里忍不住想：真能做到吗？

"真正意义上能听懂语言的机器人真能做出来吗？"

"而且需要好大一笔资金啊，我们村子里现在也没有那么多的经费。"

"但是如果可以做出来，那么每天可以收到 100 块方糖呢。卖掉它们也是一大笔收入啊！"

"但是'真正意义上能听懂语言'是什么意思呢，这个搞不懂就没法赢过蚂蚁们啊！而且语言的意义到底是什么呢？"

这时，刚才在蚂蚁村里碰到的浣熊从后面追了上来。

浣熊："黄鼠狼们，你们和蚂蚁们打赌了，真的能行吗？现在你们又说有这么多担心的事情。"

黄鼠狼们听了这些话，不由得又被激起了好胜心。

黄鼠狼们："当然没有问题！"

浣熊："那就好。哦，对了，听说猫头鹰村的猫头鹰们做出了能听懂语言的机器，不过看来你们现在也不需要这些情报了。那就再见啦！"

黄鼠狼们看着浣熊离开的背影，转头就往猫头鹰村跑去。它们很快就到了，可是村子的入口处没有一个动物，非常安静。迎接黄鼠狼们的只有村口生长着的一棵棵高大的树木。

"现在是白天，猫头鹰们应该都在睡觉吧。"

"那我们进了村子也没有什么意义啊，怎么办，我们回去吗？"

"好不容易来一趟，我们看看附近有没有什么线索再回去吧。比如说'能听懂语言的机器'的零部件、写有做法的图纸等，也可能会有丢掉的呢。"

"对，它们反正都在睡觉，我们进去也没有关系。"

黄鼠狼们刚刚踏进猫头鹰村，忽然头顶上传来一阵"哗哗哗"的声音，它们抬头一看，上方出现了一个巨大的影子。

"哇，好大的一只猫头鹰啊！"

巨大猫头鹰从树上往下看，并一直重复着奇怪的声音。

巨大猫头鹰："黄鼠狼，黄鼠狼，黄鼠狼在村子正门口。"

黄鼠狼们："它在喊什么呢？"

黄鼠狼们吓得呆住了，它们看到从树木的另一边，一队排得整整齐齐的、穿着制服的猫头鹰走过来了。它们头上不是戴着睡帽而是戴着遮阳帽，腋下夹着枕头，看到黄鼠狼们马上开始喊叫。

猫头鹰们："黄鼠狼们，你们在干吗？大白天擅自闯进来，真没礼貌！"

黄鼠狼们："没什么关系吧，我们是白天活动的啊，有事情想请教你们，所以才来的。"

猫头鹰们："要请教事情？你们也有问题向别人请教？那么，你们的问题肯定是简单到无聊的问题吧？好吧，我们就勉强听一下吧。"

黄鼠狼们听到猫头鹰们这么说话忍不住生气，但是一想到和蚂蚁们的打赌，深吸一口气咽下怒气。

黄鼠狼们："我们想问的是'能听懂语言意义的机器'的事情。"

猫头鹰们："哦，你们是在哪里听到了才来的吧，就是头顶那个猫头鹰了。"

猫头鹰们在树上指着头顶的那个大猫头鹰。一只猫头鹰从制服的口袋里取出遥控器按了一下，大猫头鹰从树上缓缓地飞了下来。黄鼠狼们仔细一看，发现它的头被一根巨大的电线吊着。降下来的大猫头鹰脸上有两只大大的眼睛，胸口有一个大的显示器。

黄鼠狼们："这就是能听懂语言意义的机器吗？"

猫头鹰们："对啊，你们认为语言的意义是什么？"

黄鼠狼们："我们就是不知道才来向你们请教的啊。"

猫头鹰们一听就开始大笑。

猫头鹰们："果然黄鼠狼比较笨。"

黄鼠狼们："说什么呢！"

猫头鹰们："这种事情也会惹恼你们，这就是笨的证据啊。语言的意义不是由'印象'决定的吗？"

黄鼠狼们："印象？"

猫头鹰们："还不明白？我们很久之前就解决了这个问题，所以才能做出能听懂语言意义的机器。"

猫头鹰们指着巨大猫头鹰胸口的屏幕。

猫头鹰们："请看这个画面。"

黄鼠狼们目不转睛地盯着那个猫头鹰展示的画面，上面出现了它们自己的图片，图片上还写了"黄鼠狼"。它们背后的一棵树上写着"树"，地上的石头上写着"石头"。

这时，它们的后面突然传来"啾"的一声，回头一看，一只飞鼠飞过来了。这时巨大猫头鹰转向飞鼠那边，大声说道："飞鼠！飞鼠！飞鼠飞过来了！"

巨大猫头鹰的屏幕上出现了飞鼠的图片，上面还写着"飞鼠"。

猫头鹰们："我们的机器就是这样发现进村的动物们的。出现了什么马上就能知道那是什么动物。不只是动物，连树木、石头等也会识别。因此它能知道发生了什么事情并且向我们报告。怎么样，厉害吧！我们都叫它'猫头鹰的眼睛'！"

猫头鹰们骄傲地说："这个机器做出来之后我们不仅白天能睡觉，晚上也能睡踏实了！"黄鼠狼们感觉受到了打击，因为它们以前一直觉得猫头鹰们看起来很聪明但是实际上什么都不懂。

猫头鹰们："变色龙村和蚂蚁村也说做出了能听懂语言的机器，那种机器都是骗人的吧，语言不与现实世界结合起来就没有意义了。要理解'树'这个字就必须知道现实中的树是什么样子的，而要理解'猫头鹰'这个词也必须能与现实中猫头鹰的样子联系起来，我们的机器才是能听懂语言的机器啊！"

黄鼠狼们："确实如此吗？"

猫头鹰们："你看，能听懂语言就是能把看到的事物用语言表达出来，听到一个词语头脑中马上就会出现与之对应的图像，也就是对此有一个印象，别的还有什么要求吗？有的话就说出来。"

黄鼠狼们虽然很想反驳，但是也想不出来怎么反驳，于是就用猫头鹰们听不到的声音小声交谈着。

黄鼠狼们："我们劝说猫头鹰，让它们把猫头鹰眼睛里能听懂语言的部分送给我们怎么样？这样我们就能很快做出能听懂语言的机器人了。""对啊，对啊！""同意，同意！"

它们转过去对猫头鹰说："太好了，果然你们很聪明，我们就做不出来这个。"

猫头鹰们；"那是！"

被夸奖的猫头鹰一脸得意。

黄鼠狼们："对啊，我们也想做这样的机器，可惜我们不会做啊，真烦！"

猫头鹰们："你们烦恼什么啊？"

黄鼠狼们把与蚂蚁们打赌的事情告诉了猫头鹰们：必须要做出来真正能听懂语言意义的机器人，如果做不出来就得一年中每天都要给蚂蚁们送100份点心，能做出来的话，一年里每天就能从蚂蚁那儿得到100块方糖。猫头鹰听到这儿忽然两眼放光。

猫头鹰们："100块方糖？是真的吗？如果你们可以分我们一半，那我们可以帮助你们！"

黄鼠狼们："真的吗？"

猫头鹰们："用我们的技术做出能听懂语言的大脑，然后安装到你们做的机器人上就可以了。"

黄鼠狼们如愿以偿，非常开心。但这时猫头鹰们又说了："现在巨大猫头鹰的眼睛能够识别的东西还不是很多，不是所有的东西都能够识别，识别东西需要大量的图片。比如说，要识别苹果，就要给机器输入至少 1000 张图片。"

黄鼠狼们："1000 张！太多了！"

猫头鹰们："这还是少的呢。总之，一个词语与之对应的就有 1000 张以上的图片，收集完图片之后，一定要在图片后面一个一个地写上对应的词语，比如在'苹果'的图片背面要写上'苹果'这个词语。

"针对'飞鼠飞过来了'或者'猫头鹰停在树上了'这种有动作的事情，图片越多越好，而且一定不能忘记在这些图片背面写上发生了什么事情。这样机器收集了大量的图片，才能把语言和图片结合起来。"

黄鼠狼们急急忙忙回到村子，第二天就开始收集图片。"苹果""桃子""黄瓜""南瓜"等食物类，"房子""桌子""盘子""衣服""鞋子"等物品类，"天空""山""森林"等风景类，总之能看到的事物都要拍下来。然而，想到一个词语最少要收集 1000 张的图片就觉得压力很大。黄鼠狼们才拍到第一个词语"苹果"就累极了。刚开始它们拍苹果树、从商店买的苹果等，才拍了 30 张就觉得太麻烦，于是在桌子上放了一只红色的苹果，用连拍模式一下子拍了 970 张。就算这样还是很累，而且黄鼠狼们开始怀疑这样只拍身边常见的事物是否可行。

"我们不是要做什么都懂的万能机器人吗，仅能听懂我们身边的这些事物的语言还不够吧，要能听懂更多的深奥的语言才行啊。""对啊，所以我们要拍很多很多的照片才可以。"

"这样，我们把词典里所有的词语对应的图片都拍下来怎么样，这样就不会有遗漏了。"

大家都觉得这个想法不错。但是要增加机器词汇量，仅是照片收集都已经是很大的工作量了。

"好累啊，能交给别人做就好了。"

"我们交给摄影师黄鼠狼怎么样，专业摄影师一下就能拍出好多。"

黄鼠狼们马上找来了出生于黄鼠狼村，并且闻名世界的摄影师黄鼠狼 1，把这个工作交给了它。黄鼠狼 1 本来不想接这个工作，但是黄鼠狼们一直劝说它，并且承诺给它丰厚的报酬等，它就勉强答应了下来。

几天后，黄鼠狼 1 就寄过来很多照片。词典里所有词语的相关照片各拍

1000 张，汇总起来是很庞大的一个量。黄鼠狼们看了一下，发现都是非常有艺术感的照片。

"果然是专业级别的啊！"

"说明恋人的照片，都是选的同一个母黄鼠狼，这是它的太太吗？"

"肯定是。说明爱的照片也都很好啊，有很多动物的亲子照、恋人的照片，每一张都是传达爱的好照片啊！"

"你们看，这个说明午夜的照片，午夜的时候黑乎乎的什么也拍不到，它就拍了午夜里的各种场景片段，真的太棒了！"

黄鼠狼们对摄影师的工作非常满意，但过了一会儿又有些不安了。

"只有词典里的词汇真的可以吗？"

"有什么不行吗？"

"我们要做的是万能机器人啊，不仅要知道词典里的词汇，还得知道发生了什么事情，还有句子的意思。猫头鹰们不也是这样说的？"

"那我们让摄影师拍一些表示句子意思的照片吧。正好这儿有很多书，从这儿摘选一些发给它试试？"

黄鼠狼们努力说服了犹豫不决的摄影师，又追加了这些照片。给摄影师的句子的数目比之前词典上词语的数目多了好几倍，这些句子中有类似下面的形式。

"然后谁都不在了。"

"企鹅是一种鸟类。"

"没有雪就没办法滑啊！"

黄鼠狼们拜托摄影师无论如何要先多拍摄一些照片，上次的照片摄影师提前给了它们，但是这次它指出里面有一些句子是没有办法拍出来的，比如说下面这几种。

"只要迈开腿就能瘦。"

"今晚吃咖喱或者汉堡牛肉饼吧。"

"金龟子光知道考虑钱的事儿。"

黄鼠狼们也明白摄影师的意思。"这些确实没有办法用照片来表示。"

"那用漫画怎么样？"

"要是用漫画，那拜托漫画家板子老师就可以了。"

就这样，无法用照片表现的句子，它们就交给本村的人气漫画家板子老师用漫画来表现，漫画一定要尽量照着照片来画。板子老师以连载漫画马上要到交稿日期为由多次拒绝，但是在它画画的时候多次被来拜访的黄鼠狼们打断的情况下，它不得不应承下来，并且将报酬提高了许多。黄鼠狼们将这么艰难的工作交给了专业人士，总算放心了。

"将这个交给了专业人士，我们就可以安心了。只要等到交稿日的时候它们把照片和漫画带来就可以啦。"

于是在交稿日之前黄鼠狼们悠然自得地度过了一段日子。

话说猫头鹰们一直在等待着黄鼠狼们收集好图片的日子的到来。其实猫头鹰们之前也一直对产品"猫头鹰之眼"不满意，希望它能比现在识别出更多的事物和场景。但是为此要收集太多的图片，太辛苦了，所以它们一直没有完成。当黄鼠狼们说要收集图片的时候，它们很高兴，并且黄鼠狼们也不要报酬，反而要给它们报酬。

"黄鼠狼们还真的以为骗到我们了呢。"

"对啊，那群笨蛋不仅接下了这么麻烦的工作，还要给我们蚂蚁支付的一半当报酬。"

"我们现有的图片加上它们收集的图片，那是相当大的数量了。这样就能把'猫头鹰之眼'的性能提升好几倍。"

猫头鹰们与黄鼠狼们不同，它们每天都在认认真真地收集图片。表示物品的图片每一个都收集 1000 张，比如 1000 张苹果的图片的背后就写上"苹果"这一词语教给机器，然后机器通过学习图片上苹果的特征，最终将没有见过的苹果与现实中的苹果联系起来，于是就学会了"苹果"这一词语。但是要做到这样，不是随随便便拍 1000 张照片就行了，而是要寻找一个平衡点。一个好的平衡点就是要考虑"包含这个物体的整体图像以及各种变化"，比如说要收集苹果的图片，从上下左右各个角度都要拍照；不仅要红色的苹果，还要有绿色、黄色的；不仅要有整个的，也要有切开一半的、被啃掉一点点的等。

　　猫头鹰们也在一点点地收集表示事情的图片。黄鼠狼们使用了"从报纸和书里面找出句子，拍一些表示这个事情的照片（或者画漫画）"的方法，但是猫头鹰们不一样，它们首先拍表示某个事情的照片，然后在后面写出简单的句子来表达这个事情，比如说鸟在飞的照片上会写出像"鸟儿在山上飞""鸟儿飞过天空"等这样的句子；树木被风吹的照片上就写上"树木被风吹倒了""狂风吹着树木"等这样的句子。教会机器大量这种"图片和句子的组合"，机器在看到一个新图片时就会显示表示这个内容的句子。但是要收集足量的"图片和句子的组合"是一项十分艰难的工作。

　　"那些黄鼠狼能收集好图片吗？"

　　"我们村里面的猫头鹰小孩子都能做到的事情，它们应该可以做到吧。你看，它们来了。"

　　只见一大群黄鼠狼背着大包从村口蜂拥而入。它们后面跟着一排小车，车上装着包里面没能放下的照片和漫画。猫头鹰们看到这个场面，非常高兴。

　　"没想到它们还真做到了，这么短的时间里就收集了这么多。快来让'猫头鹰之眼'看一下。"

　　猫头鹰们带着黄鼠狼们来到了村子的广场上。广场边并排摆了六台"猫头鹰之眼"。猫头鹰按了一下围绕着广场种的树上的一个按钮，广场中间突然出现了一个很大的洞。

　　"这个洞就是连接六台'猫头鹰之眼'的大脑。把你们带来的照片和漫画都放到洞里面，'猫头鹰之眼'就会自己学习了。"

　　黄鼠狼们听到指示之后，不顾满身汗水把包里和车里的照片与漫画都放到了洞里。它们花了好几小时终于完成了，然后又关上了广场上的洞口，接下来就等"猫头鹰之眼"学习了。黄鼠狼们都累极了，它们就在原地睡着了。猫头鹰们在日落时也开始打瞌睡，于是都在树上睡着了。直到听到了"猫头鹰之眼"发出"学习完成"的声音，大家才醒来，这时已经是第二天的早上。

　　"终于完成学习了！""太好了，快来让我们看看效果。"

　　猫头鹰们分成六组，分别围着"猫头鹰之眼"，看起来好像是在进行性能测试。黄鼠狼们也想看看"猫头鹰之眼"是怎么运作的，但是被猫头鹰们的后背挡住了视线。

　　突然，有一组猫头鹰开始拍打翅膀，它们大声叫了起来。

　　第 1 组猫头鹰："这些都是什么啊？"

　　它们用吃惊的表情看着黄鼠狼。

　　第 1 组猫头鹰："这是怎么回事？给'猫头鹰之眼'看一个红色的球，它却说是苹果！之前明明还能准确地说出是球的。"

　　然后别的组的猫头鹰也开始大声嚷嚷。

　　第 2 组猫头鹰："为什么？我们两个并排站的时候它为什么会说'相声'？"

　　第 3 组猫头鹰："这边我们的脸放大之后它居然说是'半夜'！为什么？"

　　第 4 组猫头鹰："我们这边就站在这儿而已，它居然说'猫头鹰在偷懒'！"

　　第 5 组猫头鹰："为什么出现太阳的时候会说'可能性'这个词！真不明白！"

　　第 6 组猫头鹰："我们张开翅膀的时候它说'中二病'！真是奇怪！"

　　它们一齐扭头严肃地看着黄鼠狼们。

　　黄鼠狼们："等一下，这可不能怪我们！"

　　猫头鹰们："不对，一定是因为你们。之前从来没出现过这么奇怪的事情。我们再测试一下，你们黄鼠狼里选一个出来站这儿。"

　　在政府工作的一个黄鼠狼站到了"猫头鹰之眼"前面，然后屏幕上在黄鼠狼的图片旁边显示出了"恋人"。

　　猫头鹰们："恋人！？这是为什么？"

　　黄鼠狼们："我们也不知道啊。"

　　猫头鹰们："不对，就是因为你们。我们放进去新的照片之前它们还能正确回答'黄鼠狼'的。"

　　猫头鹰们正在质问黄鼠狼的时候，传来了一阵"啪嗒啪嗒"的声音，仔细一听好像是企鹅来了。

　　企鹅："咦？这是猫头鹰村？不好意思，走错路了。"

　　说了这句话就要离开的企鹅被带到了"猫头鹰之眼"前面，然后屏幕上出现了企鹅的样子，旁边显示出"企鹅"的文字。

猫头鹰们："啊，这个可以识别出来。"

然而刚高兴一会儿，在"企鹅"的后面却又出现了"是一种鸟类"。

猫头鹰们："啊？'企鹅是一种鸟类'？也没有人提问，怎么会说这个？"

这时，天空有乌鸦飞过。"猫头鹰之眼"看着上面，屏幕上显示出山上的蓝天白云，白云上面有一排乌鸦飞过。在这个图片上面出现了下面的文字。

山，光考虑乌鸦的事情。

猫头鹰们："为什么又说了这种奇怪的话！喂，黄鼠狼，就是你们的责任。现在打开地上的洞口，把你们放进去的照片和漫画都拿出来，我们要调查一下究竟是为什么！绝对是你们的图片有问题！"

黄鼠狼们："那可不行，太麻烦了吧！"

猫头鹰们："那也没办法！赶快干！"

黄鼠狼们只好钻进打开的洞口，像是在大量的照片和漫画中游泳一样开始查看，但是没有发现猫头鹰们所说的奇怪的图片。猫头鹰们还是认为不对，就亲自进到洞中开始查看图片。不一会儿，一只年轻的公猫头鹰拿着一张照片出来了。

公猫头鹰："你们看，这张照片是怎么回事？"

照片内容是，在一个高雅的咖啡店里，一只母猩猩旁边的椅子上放着一个单肩包，公猫头鹰的翅膀刚好伸过去要拿包。这个照片后面写着"猫头鹰在偷大猩猩的包"。

公猫头鹰："为什么会有这句话？这是之前我和女朋友约会的时候，她的包忘在了咖啡店，我只是去取回来而已，怎么能说是偷！"

黄鼠狼们："这我们怎么知道啊！只看照片确实像是在偷！"

公猫头鹰："那你们的意思是要喊我女朋友小偷吗？！"

看了别的图片的猫头鹰们也都相继开始抱怨了："这个也很过分！""还有这个也是！"

猫头鹰们所说的图片就是以下这些。

无人的广场、沙漠、海岸的风景照。

写的句子是"然后一个人也没有了"。

抱着滑雪板的动物在绿色的大山前面的风景照。

写的句子是"没有雪就没办法滑雪"。

有点胖的熊在走路，前面有一个横向的箭头，再前面是一个瘦一点的熊在走路的漫画。

写的句子是"只要走路就能瘦"。

画面从中间一分为二，左半边是黄鼠狼在吃咖喱、右半边是黄鼠狼在吃汉堡牛肉饼的漫画。

写的句子是"今晚吃咖喱或者汉堡牛肉饼"。

盘着两条腿的金龟子，头上有云状的对话框，里面画着钱的漫画。

写的句子是"金龟子只考虑钱的事儿"。

猫头鹰们："这些都是奇怪的图片和奇怪的文字，这样机器肯定显示不正常！"

黄鼠狼们："怎么能这么说，这些一点儿也不奇怪！"

猫头鹰们："那么这张图片是怎么回事？"

黄鼠狼们："后面不是写了吗？就是'今晚吃咖喱或者汉堡牛肉饼'。"

猫头鹰们："不对！这不就是左边的房间里黄鼠狼在吃咖喱，右边的房间里黄鼠狼在吃汉堡牛肉饼吗！"

黄鼠狼们："那是因为你们缺乏想象力！那么你认为，'今晚吃咖喱或者汉堡牛肉饼'应该用什么样的图片表示？"

猫头鹰们："这个没有办法用图片表示，而且也没必要表示！"

黄鼠狼们："你们曾说'语言的意义是由印象决定的'，那不是应该什么都能用图片表示吗？！"

猫头鹰们："你们这些黄鼠狼，只会找借口！"

黄鼠狼们："闭嘴，一群说谎的家伙！"

然后广场上就开始变得混乱。黄鼠狼和猫头鹰全部都进到了洞里，在众多的照片和漫画中开始了争论。

这时，一只啄木鸟飞到了附近的树上开始到处啄，然后嘴巴碰到了关闭广场中间的洞口的按钮。洞口的门徐徐关闭，但是沉浸在争吵中的黄鼠狼和猫头鹰谁都没有发现。最后洞口完全关上了，将黄鼠狼和猫头鹰都关在了里面。

啄木鸟飞走了，广场上只剩下六台"猫头鹰之眼"安静地伫立着。六台机器胸口的屏幕都显示出了"无人的广场"，然后一起出现了一句话：

然后一个人也没有了。

4.1　通过机器识别图片

人类可以根据看到的视觉信息，了解到我们的周围有什么东西，发生了什么事情。从视觉信息中，我们可以识别出周围环境的样子，比如"猫在睡觉""车在跑""鸟在飞"等。我们看到"猫""车""鸟"的个体，能判断出它们不是"狗""人""飞机"。

在第 1 章中已经提到，为了识别某种东西，需要把得到的新信息进行正确的分类（同种类集合）。识别视觉信息也一样，比如"猫""狗""人""车"等这些事物，在看到它们后也需要进行分类。这时哪些信息该无视，哪些信息又必须不能无视要清楚。比如要识别出看到的物体是"猫"这个类别的时候，因姿势不同产生的差异、角度不同看到的差异，或者是每只猫的自身个体差异等就可以无视，但是它和其他动物或物体之间的差异就不能无视。

人类可以无意识地在看到猫之后就能识别出来，但这对于机器来说是长久以来的困难课题。机器对图片或影片等的视觉信息识别，被称为"图片识别"和"影像识别"。其中被称为"物体分类识别"的，就是给机器出示一张图片，让它回答这是什么。这项研究虽然从很久以前就开始了，但鲜有成果。原因就是刚才提到的要做到"哪些信息该无视，哪些信息又必须不能无视"是非常困难的。

但是近来这项研究有了突破性的进展，这个进展就是由机器学习的方法之———深度学习所引发的。深度学习不仅应用在图片识别中，在第 1 章提到的语音识别或其他研究中也都取得了显著成果。那么深度学习究竟是什么呢？

4.2　深度学习的基础知识

神经网络是深度学习的关键所在。提到神经网络我们联想到的就是以模拟神经细胞为计算单元，读者即使没有生物学方面的知识关于这一点也很好理解。下图所示就是在最初研究神经网络时人们提出的简单计算模型，我们可以看到在其构成中进行了简单的乘法运算和加法运算后又进行了比较运算。

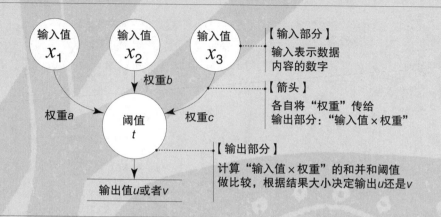

这里的"计算模型",可以理解为与第1章提到的"函数"一样,上图中的模型和下面的函数是相同的。

输入 x_1, x_2, x_3,当 $(x_1 \times a) + (x_2 \times b) + (x_3 \times c) \geq t$ 时,输出 u;当 $(x_1 \times a) + (x_2 \times b) + (x_3 \times c) < t$ 时,输出 v。

我们可以通过一个简单的例子来了解这个简单的模型。在识别图片时有一个基本的课题,就是如何识别手写的数字或文字等。先来做一个可以识别大写字母"L"和小写字母"l"的神经元。在计算机中显示的图片是由很多带颜色的像素点组成的。为了简化问题,可以把它看作由如下纵向3个、横向3个共9个像素块组成的图片。每个像素块的颜色只有黑和白。为了解说方便,给它们分别起名为 $x_1 \sim x_9$。

x_1	x_2	x_3
x_4	x_5	x_6
x_7	x_8	x_9

接下来,我们可以找几个认识的人,要求他们通过涂抹像素块来写出"L"

和 "1"，结果得到了如下图片。我们期望能够把图片①和②识别为 "L"，而图片③和④则识别为 "1"。

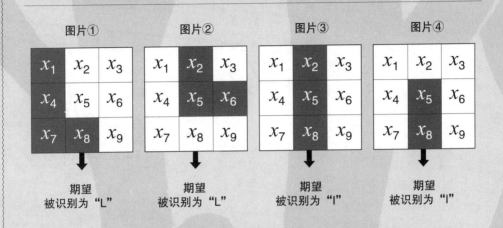

与在第 1 章介绍的一样，像这样的数据如果需要机器来识别，则首先需要转换成数字组合。因此，把这 9 个像素块并排摆放，白色的像素块用 0 表示、黑色的像素块用 1 表示。这样图片①就可以用如下数字组合来表示。

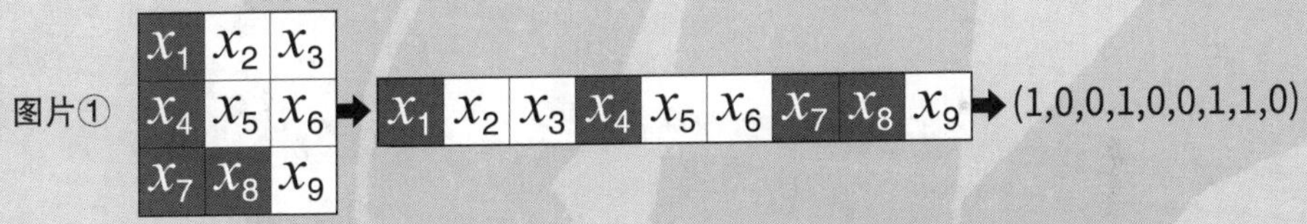

同样，经过相同的转换，图片②～④依次可以得到如下数字组合。

图片② （0,1,0,0,1,1,0,0,0）

图片③ （0,1,0,0,1,0,0,1,0）

图片④ （0,0,0,0,1,0,0,1,0）

这里准备了一个神经元模型。输入值有 9 个，将上面表示图片的数字组合依次输入其中。神经元模型中的权重或阈值等数值可以先任意设一值。这里先暂时把权重部分的值全部都设为 "1"，如下图所示。输出部分的阈值设为 3.5，如果从输出部分通过的数值大于或等于阈值则输出 1，否则输出 0。并且如果输出 1 的话就说明"图片被识别为 L"，输出 0 则"图片被识别为 l"。

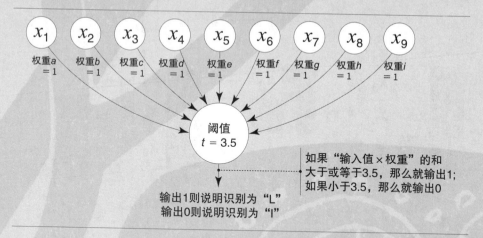

在这个模型中，把表示图片①的数字组合输入后，就如下图所示。

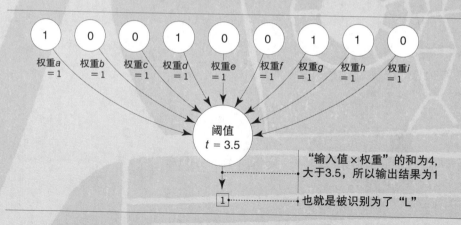

9 个输入值按照模型运算后传给输出部分的数值为 $(1×1)+(0×1)+(0×1)+(1×1)+(0×1)+(0×1)+(1×1)+(1×1)+(0×1)$，结果为 4。输出值 4 和阈值 3.5 相比，4 大于 3.5，所以输出结果为"1"。按照以上的原则，就相当于"图片被识别为 L"。那么对于图片①来说这个模型是正确的。

表示"l"的图片③、④也可以顺利通过验证。分别输入图片③和④的数字组合，传给输出部分的数值分别是 3、2。这两个值都小于 3.5，所以这两张图片的输出值都小于阈值 3.5，输出结果都为"0"，结果"图片被识别为 l"。

但是在识别表示"L"的图片②时出现了问题。把图片②的数字组合输入上面的模型中，最后传给输出部分的数值为 3。这样输出结果就为 0，也就是说图片被识别为"1"。不过上面所提出的模型是暂时决定的，出现例外的情况也是正常的。

接下来我们需要通过增大或者减小神经元模型中箭头上的权重或者输出部分的阈值来进行调整，直至出现正确的识别结果。先把箭头上的权重全部设为"1"，再把左边数第 6 个箭头的"权重 f"增加到"2"。

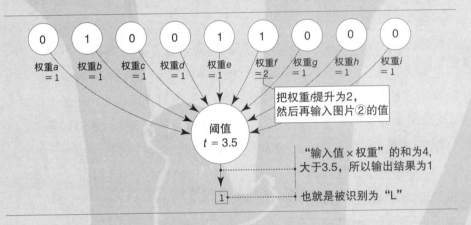

如果是这个模型，那么图片①～④分别传给输出部分的结果就是 4、4、3、2。因为图片①、②的值都大于 3.5，就会识别为"L"；图片③、④都小于 3.5，会被识别为"1"。那么最终图片 L 和图片 1 就全部被正确地识别出来了。

但是，现在还不能过于乐观，如果通过这个模型来识别如下两张图片中的"L"和"1"，又会怎么样呢？

用现在的这个模型，图片⑤、⑥分别传给输出部分的结果为 3 和 4，输出结果分别为"0""1"。也就是说，图片⑤被识别为"1"，而图片⑥则被识别为"L"，结果与下图所示的期望值恰好相反。为了使它们能够被正确识别，就需要再次调整箭头部分的权重或者输出部分的阈值。通过修改这些值并找到最优值后，这个模型就可以称为"优秀模型"。像这样给模型以样本数据，通过调整权重等参数尽可能地使其得出正确结果的过程，被称为神经网络的"学习"。

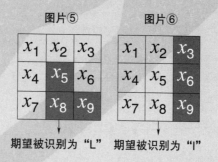

图片⑤　　　图片⑥

期望被识别为"L"　期望被识别为"l"

　　事实上，像上面这样"把输入部分和输出部分直接相连的模型"还是有局限性的。如果现在有新的需求：不仅要识别"L""l"，还要识别"T""F"等其他文字内容，不管怎么修改这个模型的权重和阈值，都不能得到很高的识别率。那么，这就需要在输入部分和输出部分的中间添加中间部分，如果在此部分再设置一些复杂的神经元，识别率就会提升很多。原因就是有了这些中间部分，神经元就可以让它们尽可能多地"分担职责"。比如，要识别一个字母图片，就可以让一个神经元负责计算"黑色方块占全体方块的百分比"、一个神经元负责查找"垂直边缘线"、一个神经元负责查找"水平边缘线"等，把这些神经元得到的信息传递给输出部分，最后就可以根据这些详细信息来进行判断识别（这时各个神经元的输出，就不仅仅是"与阈值比较并输出两个结果中的一个"这么简单，而可能是"根据输入值输出更多可能性的结果"等具有更多可选性的结果）。

　　如果如下图所示，把中间部分（也称为隐藏层）多层叠加后，就可以增加更多的可能性。一般所说的深度学习，就是让这种拥有两个以上中间层的机器模型进行自主学习的过程。

　　在深度学习中，上一层得到的输出结果可以作为下一层的输入继续处理。例如，在中间部分处理的第一层中，先识别出图片中的边缘部分，然后在下一层使用上一层的处理结果，把边缘线进行组合拼接再识别出其中的"角"或者"轮廓"等。深度学习有趣的地方就在于，不需要人为参与决定"这一层（或者某个神经元）分担什么样的职责"，也不需要人为决定让机器抽取数据什么样的特征。这些不需要人为参与，机器就可以通过自身的学习达到目的。

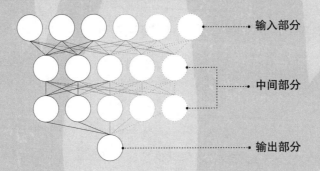

深度学习因为在 2012 年成功地使大规模视觉识别挑战赛（ILSVRC）这种具有 1000 种物体对象的归类课题的识别精度得到了飞跃性的提升，而开始广为人知。虽然深度学习能使识别精度有这么大的提升的原因还需探寻，但是深度学习已经让图片识别的精度年年提升，物体归类识别的应用也有待突破。在这些课题中，也有像根据图片或视频来自动识别生成字幕的课题。虽然研究这些课题目前还有不少困难，但是人们已经投入了大量的精力，也许将来还会遇到新的难题也未可知。

但是，如果在未来研发出的机器能够对看到的物体自动用贴切的语言描述出来，或者能够自动用语言描述出具体的图片内容，那么这个机器就可以称得上是"理解语言"了。

4.3　图片与视频表现力的局限性

在前面一章提到了"语言与外部世界的联系"是理解自然语言的重要因素，也就是说，能够识别出这个联系，是理解自然语言的必要条件。

如果更进一步讲，是不是也可以说"理解一个词语就必须找出这个词语和外部世界（或者视觉形象）之间的联系"？实际上，随着图片识别精度的显著提升，"机器终于可以理解自然语言了"这种声音也开始涌现了出来。从这个角度来看，我们可以把"对图片和视频能够进行贴切的语言描述，或者用语言能够贴切地把图片或视频描述出来"和"理解自然语言"认为是等同的。

但同时，对这个看法人们也有很多反对意见。首先，这个看法有一个前提，那就是"所有的语言，都指的是具体的且能看得见的东西"，这显然是错误的。任何人都可以很快提出一些涉及"价值""目的""爱""权利""美""没有"等的抽象词汇。我们可以用自然语言来描述这些抽象的东西，但是这些东西没有具体的图片或者视频可以形象地显示出来。

当然，通过想象一些关于这些抽象词语的某个"具体的图片"，将词语的含义等同视为"心理意象"这种看法早已为人所知，被称为"有意义的心理意象"学说，但这也受到了弗雷格或维特根斯坦（又译为维特根施泰因）等哲学家的否定。具体否定的内容在 2.1 节中有详细解释，其中提及的相对容易理解的反驳是，"如果将抽象的词语和具体化的图片联系了起来，肯定会混入一些不必要的多余的东西"。比如"没有"这个词就是个很好的例子。"没有"就是"不存在"，所以如果试图通过将它与某种具体的图片联系起来理解是不可能的，最多只能用一种颜色把一个平面涂满来表示。但是，这又会混入"颜色""平面"等多余的东西，如果把它们与"没有"这个词语联系起来，就不能把"没有"和"在平面上涂一种颜色"区别开来。另外，还可以举一个数字的例子。例如，如果尝试将数字"5"与视觉图片联系起来，可能会想到"5个苹果"或者"5个点"等，但其实苹果或点的摆放或者排列与数字"5"本身又是无关的。因为无法完全排除不相关的东西，所以表示"没有"的概念或者用纯图片表示数字"5"是不可能的。

在抽象的词汇中，还有什么是在我们身边能感同身受的东西呢？比如"爱"，可能让人想到的是父母拥抱孩子的画面，或者恋人之间手牵手的画面等，可以联想到很多类似的画面。但是，我们认为爱的存在并不一定意味着我们会因为这样的场景而在那里找到爱。那些画面并不是爱本身，而只是存在爱的某一个场景。如果你可以把这些具体的场景和"爱"这个字联系起来，那么就可以说"理解了'爱'这个字"，也就意味着"爱"这个字的意义和"父母拥抱孩子"是相同的。

即使有人反对上面论述的观点，但也可能会有这样的看法："从一开始，语言的表达就排除了目所不能及的事物，除此以外都可以用具体的场景来表达，这样不就可以了吗？"但事实上，即使不是特别显著的抽象，也有很多词语是图片或视频无法准确捕捉描绘出来的，比如"组织"这个词就是这样，用公司或者学校来表示这个词可以吗？或者用公司全体员工、学校全体师生和职员的照片可以表示吗？抑或公司或者学校的活动照片？就算把这些图片全部加起来，用公司或者学校来表示组织也是不够充分的。因为即使这个组织的所在地发生迁移、组成成员发生变动、活动类型发生变化等，这个组织都是没有发生改变的。也就是说，对于组织而言，组织所在地、成员和活动等可见部分是"即使发生变化也不会产生影响的部分"，所以组织的本质用图片或者视频是无法描述的。

　　"表示角色的词语"也有类似的问题。人们所扮演的角色有"父母""爱人""科长""粉丝"等，物品扮演的角色有"商品""武器""垃圾""生产地"等。可以想象这些画面，但是想象出的往往并不是角色本身，而是被赋予这些角色的事物，而"角色"和"被赋予角色的事物"是不等同的。不管如何从视觉上呈现被赋予了角色的事物，角色本身都是不能被呈现出来的。

"描述行为的词语"也不简单。当我们把行为与词语联系起来时，并不是只对看到的行为进行描述，而是还会根据一些看不到的知识（或常识）对行为加以解析。比如"某人在手中拿了一件东西"这个简单行为，会由于看到的人的认知不同，对其解析也不同。如果我们看到 A 拿走了放在 B 旁边的包，并且已经知道这个包是 A 的，那么就会认为 A 是把自己的包拿走了。但是，因为无法直接看到包的所有关系，我们一般会认为在自己身边的包才是自己的，所以在不知道事情原委的情况下这一行为会被我们解析为"A 偷了 B 的包"也是有可能的。

　　对于"约会"和"一起出去"，人们都会想到相似的场景。但是一起出去的两个人是不是去约会，除了当事人别人不是很清楚。"某个人站在那里"，看到这个场景的人，可能会根据对这个人具体情况的了解而产生不同的解析内容（如"在工作之余放松""正好空闲在休息""在那里站岗""在那里等人"等）。像这样，对具体事件发生场景以及对当事人了解的程度等这种"隐形语境"因素的了解不同，会导致对整个事件的认识产生分歧。所以，对于无法表达"隐形语境"的图片或视频，我们是无法识别究竟是"约会"还是"一起出去"，是"只是站在那里发呆"还是"在工作之余放松"。像这样的例子举不胜举，并且更加困难的是识别"句子"更深层次的含义。其实与图片或视频直接相关的语句在我们平时的谈话中只占极少的一部分。而那些单凭想象说出来的语句，则更加难以用图片或视频来表达。

例如"所有生物都需要呼吸"这一语句，其中想表达的并不是某一个生物个体，而是指的所有生物，并且指的不仅是存在于当下的生物，还包括过去存在过的和未来要出生的。因此，单单用图片或视频是不可能表达出"生物"所表示的所有事物的。

现实世界中也有这种具有"抽象表现"的句子存在。但是人类可以把"所有生物都需要呼吸"中的生物进行正确解读，知道它指的是"所有的生物"，而且也知道它与"需要呼吸的生物是存在的""大多数生物都需要呼吸""98%的生物都需要呼吸"这样的语句有所不同。但是如果只是用图片或视频进行展示，就无法准确区分它们的含义。

此外，和前面提及的一样，像"今晚吃咖喱还是吃汉堡牛肉饼"这种选择性的语句，或"这里一个人都没有了"这种否定句，用图片或视频表达起来也比较困难。

这种困难主要来自疑问词（如"吗"）或者否定词（如"不"）的含义。再加上像"如果""可能""然后""只要"等词，它们不表示具体的内容，只是在组成句子时作为拼接词语的部件（主要是助词、助动词等），它们也被称为"功能词"。而具体指事物、事件或性质的内容的词称为"内容词"。功能词的含义不能用图片或视频来表达，但我们可以理解包含这些词的语句。如果直接问"这句话的含义是什么"可能很难回答，但是我们可以回答包含这个词语与不包含这个词语的区别，或者和其他表达方法的不同。

4.4 外部信息与"内容真伪"的关系

要做到真正的理解，能够区分一个词语和其他词语各自的"使用场景"是非常重要的。例如如果对"所有的生物都需要呼吸"和"大部分生物需要呼吸"这两句话的前提条件不明白，就不能说是理解了它们的含义。但是，和之前看到的一样，图片或视频的表现力是有局限的，而我们能体会词语之间意思的区别，但是用文字把这些区别全部描述出来又很困难。即使可以"用贴切的语言将图片或视频描述出来"，但就因此而得出结论"理解了自然语言"还是不妥的。

因为机器不仅需要像图片或视频这样的视觉信息，还需要视觉、味觉、嗅觉、触觉等其他感官所获得的信息。即使把这些信息全部组合起来，也不能完全解决理解自然语言的问题。包括视觉信息在内，人类能确认的也不过是像"物体本身或发生事件状态的存在性""物体自身所持有部分的特性"等可以从自身感官获取到的部分信息，只是"能够确认这个物体的存在""这个物体正在做自己能够做的事情""眼前的这个物体正处于某种状态""这个物体具有某种特性""对我来说，看到这个物体有某种感觉"而已。

然而，正如前面所提到的，实际上像这种看不见、听不到、摸不着的抽象词语，我们在日常生活中又是非常频繁地使用着的。所以我们得到的结论就是，给机器装上身体、装上传感器，让它能够识别周围的物体、状况等，还不能认为机器就理解了自然语言。也有人常说"要让机器更加智能首先必须要让它们拥有身体"，仅从理解自然语言这一角度来看，确实身体是不可或缺的，但也不是有了身体就足够了。

前文介绍了"内容真伪辨识"，即验证文本描述的内容是否属实。在现实世界中如果需要辨识内容的真伪，我们的确需要使用五官所感受到的所有信息。但是，除去用五官感受到的信息，人们还需要其他的信息来判断内容真伪，那么这些信息又该通过什么方法来确认呢？人类又是如何做到的呢？我们做的事情可以让机器做到吗？带着这些疑问，我们进入下一章的探讨。

第5章
理解句子与句子之间的逻辑关系（1）

在森林里的小路上，好多动物都在往黄鼠狼村赶去。在黄鼠狼村的村口立着一个大大的看板牌，上面写着"黄鼠狼村被害人大会 第一场"。在村子里的广场上桌子还被摆成了一个圆形，围着桌子坐着附近几个村子的代表，包括鼹鼠村的代表、变色龙村的代表、猫头鹰村的代表，另外还有一只浣熊。从别的地方赶来看热闹的其他动物们都站在桌子的周围。很多蚂蚁把巨大的蚂蚁机器人蚁神也拉来了，并让它坐在了写着蚂蚁村代表名牌的座位上。在巨大水槽里面坐着的鱼村代表也已准备就绪。这时浣熊宣布会议正式开始。

浣熊："现在我宣布'黄鼠狼村被害人大会 第一场'正式开始。我是这次会议的议长浣熊。今天的第一场会议要讨论的是，关于黄鼠狼们最近在附近村子里的活动对村子造成的不同程度的损害这件事该怎么解决。"

坐在圆桌旁的动物们和站在旁边观看的动物们都开始鼓掌，黄鼠狼们都沉着脸不说话。显然它们很不满，但是也不敢有所行动，因为要与这么多的动物对抗可不是一个好的选择。

浣熊："那么，大家都有什么意见吗？"

各村的代表开始积极发言。鱼村的代表对于黄鼠狼们漠视它们的机器人表示不满，要求进行金钱赔偿。然后鼹鼠村和变色龙村对于黄鼠狼们语言不当，认为它们的机器人不懂得真正的语言，造成了名誉损害，要求金钱赔偿。这时浣熊议长又讲话了。

浣熊："我调查了黄鼠狼村的金库，基本上没什么钱了。本来经济就不景气，没什么收入，最近它们又给摄影师和漫画家付了一大笔报酬，村子里的货币'黄鼠狼元'的价值也在暴跌，金钱赔偿恐怕它们负担不起。"

然后蚂蚁村和猫头鹰村的代表提议把黄鼠狼村的土地分割出来赔偿给受害者们。其实它们已经与黄鼠狼们有过金钱往来，也知道黄鼠狼村没有钱了，本来就打算要它们的土地。但是，针对分割土地的提议，别的村子提出了反对意见。鱼村的代表说："黄鼠狼村没有鱼类需要的湖水，河流也很狭窄。"鼹鼠村的代表说："黄鼠狼村的土地不适合我们在里面钻来钻去。"变色龙村的代表说："黄鼠狼村的土地在隐身的时候不好玩儿。"别的动物们也找出了很多反对的理由。

浣熊："你们的意见不统一。金钱和土地都不行，那还能怎么办呢？"

猫头鹰村的代表："那就只能让它们劳动了。我们各自分一些黄鼠狼带回村子，让它们给我们干活儿是不是也挺好的？"

蚂蚁村也同意这个建议，它们通过巨大的蚂蚁机器人的嘴巴开始说话了。

蚂蚁们："这样不错。我们认为也可以把黄鼠狼们出售到各个地方，这样也是一笔收入。"

黄鼠狼们对这个方案感到很震惊，但是其他村的动物认为没有其他办法也只能这样了，大家逐渐开始赞成这个意见了。这时浣熊议长又开口了。

浣熊："稍等。不管怎么说，这个提议还是不符合动物界的伦理道德。我们一向提倡要相亲相爱。"

鼹鼠村代表："议长你说的我们都理解，但是没有别的办法啊。您有什么好的想法吗？"

浣熊："那我就抛砖引玉，大家一起来探讨一下。关于黄鼠狼的问题，都起源于它们的一个计划——制作一个可以理解语言的机器人。虽然它们在实现过程中存在一些问题，但是这个计划本身其实并没有问题，而且如果能制作出来，我们其他村庄的动物们也会受益。你们说是不是？"

鱼村代表："确实是这样，但议长您到底想表达些什么呢？"

浣熊："我想说的是，造一个能够理解语言的机器人，这是我们大家的共同愿望。变色龙村、蚂蚁村、猫头鹰村，你们也都在想办法做理解语言的机器，是不是？但做出来的机器你们不是很满意。黄鼠狼们可能对你们的这些努力说了很多不恰当的话。但仔细一想，它们是不是在某种程度上也说出了事实呢？"

变色龙村代表："那到底该怎么办呢？"

浣熊："其实大家所做的机器还存在一些缺陷。如果让黄鼠狼们把这些不足的部分加以弥补，以此作为对大家造成损害的赔偿，你们觉得怎么样？黄鼠狼们做好的部分再共享给大家，这样对我们所有村都会有帮助。"

每个村的代表都觉得这个办法不错。黄鼠狼们也认为与其被带到某个偏远的地方或是被卖掉，这个方案倒还不错，所以强烈表示就按这个办法来实行。

鼹鼠村代表："那如果按照这个办法实行，黄鼠狼们具体该做些什么呢？"

这时变色龙村的代表开始发表意见了。

变色龙村代表："其实我们也正在改良聊天机器人。现在的龙龙酱和青绿红胡子医生虽然已经很好了，不过最近大家也开始觉得它们有些无聊，虽然我们又尝试对它们增加一些对话功能，但进展不是很顺利。"

浣熊："怎么不顺利呢？"

变色龙村代表："举个例子，我们尝试给龙龙酱增加一个可以替换肤色的功能，比如龙龙酱先问对方'你觉得我配什么颜色比较好看呢'，然后龙龙酱根据对方的回答来替换肤色并做出相应的回答。再比如，如果对方回答'绿色'，龙龙酱就还保持自己的绿肤色并说'你对本色如此坚持，肯定身上还有很多优点吧'。如果对方回复'蓝色'，龙龙酱就会把自己的肤色变为蓝色并回答'龙龙最喜欢蓝色了，和蓝天一样的颜色'。我们本来打算给'龙龙酱'配备类似这种交互的所有颜色版本，但实际操作起来发现这是很困难的。当龙龙酱问对方'你觉得我配什么颜色比较好看'时，每个变色龙的回答都不尽相同。'绿色看起来不错''绿色'或'可能绿色更好'类似这样的回答我们有预想到，但是像'紫色和橙色看起来不错''暖色系吧'或'虽然我觉得绿色好看，但是我妹妹觉得蓝色好看'，类似这样的回答它就不能很好地做出回应了。甚至，如果对方说'除了黄色以外都好看'或'红色不好看'，龙龙酱会误以为'黄色好看''红色好看'。类似这些问题，我们不知道怎么处理。"

猫头鹰村代表："那如果把包含像'除……以外'或'不'这样的回答直接排除掉不可以吗？"

变色龙村代表："如果这样做，那么下面这些肯定也得考虑进去才可以。比如'黄色以外都不好看'或'只有红色好看'或'紫色的肯定不会不好看'。在这些回答里也没有包含'除……以外'或单纯一个'不'字这样的表述，但是想要表达的也是'黄色好看''红色好看''紫色好看'这种意思，至少这种程度的回答能分辨出来会比较好。"

浣熊："嗯，还是挺有趣的，不过听了变色龙村代表的发言，至少我们可以知道句子和句子之间是有逻辑关系的，比如'如果说了这句话，那么另一句也是一样的意思'或者'如果说了这句话，那么就可以否定另一句话'就存在逻辑关系。"

变色龙村代表："什么？"

浣熊："也就是说，如果有人对龙龙酱说'只有红色才好看'的话，逻辑上和'红色好看'是一样的。如果说'除了黄色以外都好看'，逻辑上可以理解为'黄色好看'是不对的。像这种简单的逻辑分析如果龙龙酱能够明白就好了，是吧？"

变色龙村代表："是的，好像是这样。"

里面藏着蚂蚁们的巨大蚂蚁机器人开始说话了。

蚂蚁们："其实这与我们最近在考虑的事情可能也有些关联。我们想让蚁神变得更聪明。到目前为止，我们都是以让它可以回答高难度问题为目的来开发的。但是，和被黄鼠狼或浣熊议长指出的问题一样，它对于那些常识性的提问反倒回答得不是很恰当。如果想回答好这些问题，仅仅从提问或信息源中提取关键词来进行分析是不够的，而是必须要正确理解句子本身的意思才可以。"

浣熊："原来如此，说得不错，其他村还有什么想法吗？"

这时猫头鹰村的代表发言了。

猫头鹰村代表："经过这次事件，我们认为虽然还谈不上要感谢黄鼠狼们，但是它们让我们知道了'猫头鹰之眼'的不足之处。原本我们造'猫头鹰之眼'是为了用图片来验证一直以来的传言到底是不是真的，类似'狸猫们一听到枪声马上就断气了'或者'兔子们做的泥船一定会沉下去'等，要是能通过图片来验证这些传言就好了。当然举这个例子并不是要反驳浣熊议长，如果冒犯了您还请原谅。"

浣熊："不不不，完全没有，不要介意，请继续。"

猫头鹰村代表："也就是说，我们虽然想这样做，但是这个世界上能够直接将图片或者视频与语言联系起来的句子仅仅是一小部分。比如将上面两个例句与图片或者视频对应起来，也没有办法检验其正确性。这是我们一直以来难以解决的问题。"

浣熊："原来如此。那和目前的探讨没有什么关系啊！像你们说的一样，'狸猫们一听到枪声马上就断气了'这句话无法与图片或者视频联系起来。也就是说，这句话是否真实，通过听到枪声的一只狸猫断气的图片或者视频是无法表达的。即使收集了很多这样的图片和视频，也无法证明其正确性。就是这个意思吧？"

猫头鹰村代表："对，这就是我们想要说的。那这个问题有什么解决办法吗？"

浣熊："恐怕一个句子是否正确是无法用图片或视频表达的。但是反过来想，一个句子是否错误说不定可以用图片或视频表达。比如有一个听到了枪声也没有断气的狸猫的视频，就能证明这个句子是错误的了。"

猫头鹰村代表："好像确实是这样。"

浣熊："从这儿我们就明白了这个句子是否正确，而句子与句子之间是存在逻辑关系的。如果'狸猫们一听到枪声马上就断气了'这句话正确，那么'听到枪声还不断气的狸猫不存在'这句话就是正确的。如果'不存在听到枪声还不断气的狸猫'这句话正确，那么'听到枪声的狸猫也不会断气'这句话就应该是错误的。

　　"这里重要的是要推导出'听到枪声的狸猫也不会断气'这句话可以通过图片或视频来检验，也就是这句话如果有对应的图片或视频，就可以证明其正确性。如果这句话正确，那么'不存在听到枪声还不断气的狸猫'这句话就是错误的，进而可以推论'狸猫们一听到枪声马上就断气了'这句话是错误的。"

　　猫头鹰村代表："我有点明白了。就是利用句子和句子之间的逻辑关系，把无法通过图片或视频表示的句子推导为可以用图片或视频表示的相对应的句子。"

　　浣熊："没错，就是这样。我的提议就是要做出一个懂得语言的机器，那就先让黄鼠狼们做出一个懂得句子与句子之间逻辑关系的机器？其他村的动物觉得怎么样，同意我的提议吗？"

　　鼹鼠村代表："如果浣熊说的事情能做到，那就能做出好多种机器了。这个机器也能安装到我们'鼹鼠的耳朵'上，然后我们的产品销量也能增加，

所以我们赞成。"

　　鱼村代表："我们也赞成。如果这个机器安装到我们的机器人上，那也会方便许多。"

　　浣熊："大家好像都赞成。但是为了保证这个提议顺利执行，还要强调一点。现在大家都觉得这个机器能带来一些方便。但是现在我们需要思考怎样能更加深刻地理解语言的本质。我们的句子有三种逻辑关系，即'这个句子是正确的，那个句子也是正确的''这个句子是正确的，那个句子就是错误的''这个句子是正确的，那个句子不确定'，也就是说，句子和句子之间有一个逻辑关系网。我们在听到一段话的时候马上就能判断出来它属于哪种逻辑关系，这也是我们理解语言的一个表现。大家认为怎么样，如果黄鼠狼们能做到，这也正好是它们追求真正懂得语言的一部分。"

　　各村的代表和周围的动物们听了浣熊的话深有感触。但是黄鼠狼们都睡着了，谁都没有听见浣熊说的话。

它们知道自己不会被卖掉的那一刻就安心了，心情放松下来马上就睡着了。

浣熊："那好吧，今天傍晚之前我们就确定好交给黄鼠狼们的工作吧。"

猫头鹰村代表："还有什么要确定的吗？我们已经确定了要做懂得句子与句子之间逻辑关系的机器，余下的就交给黄鼠狼们，让它们去做吧。"

浣熊："我不这么认为，还是确定好最终成果的样式比较好。"

蚂蚁们："我们也同意议长的话。黄鼠狼们总在做表面上的工作，细致的地方它们做不好。"

鱼村代表："比如什么细致的地方呢？"

浣熊："要知道机器到底怎么样才算是正确理解了句子与句子之间的逻辑关系。比如说向机器提出下面的问题，首先看下面一组句子，一个是前提，一个是结论。"

【前提】告诉龙龙酱只有红色才好看。

【结论】龙龙酱认为红色好看。

根据上面的句子判断下面的说法是否正确。

问题：从下面的"○""×""？"中选出正确的答案。

○ 前提是正确的，结论也是正确的。

× 前提是正确的，结论是错误的。

？ 前提是正确的，无法判断结论是否正确。

大家也来考虑一下上面的前提和结论的组合哪个是正确的。

变色龙村代表："第一个是正确的吧。当我们告诉龙龙酱只有红色才好看时，那也就是龙龙酱会认为红色好看的意思。"

浣熊："确实如此。那么前提和结论换成下面句子的时候呢？"

【前提】所有的猫头鹰都是夜猫子。

【结论】有几只晚上睡觉的猫头鹰。

猫头鹰村代表："这个是错的吧。所有的猫头鹰都是夜猫子，那就表示晚上没有睡觉的猫头鹰。"

浣熊："对的，那下面这种情况呢？"

【前提】鼹鼠村的代表在美国工作过。

【结论】鼹鼠村的代表在洛杉矶工作过。

鼹鼠村代表："嗯，这个是不确定吧。它只说了在美国工作过也没有指出特定的地方，可能是纽约，也可能是洛杉矶啊。不过实际上我没有去过美国。"

浣熊："没错，这个就是不确定。大家明白我说的意思了吗？现在大家考虑有这种句子与句子之间逻辑关系的问题。我们出一些这样的问题给黄鼠狼们，让它们做一个能够回答这些问题的机器怎么样？如果它们做的机器能够把类似的问题回答出来，我们再来确认它的性能怎么样。"

蚂蚁们："原来如此，这样黄鼠狼们也没法蒙混过关，评判的方法也比较客观。"

其他村的代表都赞成浣熊的提议。大家首先交给黄鼠狼们 1000 个有正确答案的问题，让它们在一个月之内做出解决这些问题的机器。然后一个月后召开第二次大会的时候再给它们别的相似的 1000 个问题，用于对它们的机器做测试。

浣熊："大家辛苦了，下个月见。"

动物们都离开了黄鼠狼村的广场。但是主角黄鼠狼们还在广场上睡得很香甜，它们对于自己被安排的工作毫不知情。

5.1　什么是逻辑性

本节主要讨论与逻辑相关的话题。我们每个人都或多或少地曾经被要求"要具备逻辑思维能力"或"要让我们的表达更具有逻辑性"。但什么是逻辑？逻辑性又是什么呢？

"逻辑"既有狭义上的定义也有广义上的定义。前者类似于"既指思维的规律，也指研究思维规律的学科，即逻辑学"这样的定义。正如这里的定义一样，我们的思维方式具有一定的规律，"如果这件事是真的，那么另外一件事应该也是真的"，我们的判断是像这样在不断积累并推导后形成的。这种判断的过程称为"推理"。推理的方法，人和人之间各不相同，但是又有相似的地方。更重要的是，在日常生活中，我们会通过推理，从已知事物推导出未知事物。

现在来看一个具体的例子。假设你给自己买了一块蛋糕，但是突然发现不知道什么时候有人吃了你的蛋糕，而且你还知道这个吃了你蛋糕的人就在你的妈妈和你的妹妹两人之中，后来你又了解到妈妈并没有吃这个蛋糕。那么，在这种情况下，你就可以得出"妹妹吃了蛋糕"的推论。也就是说，"妈妈和妹妹其中之一肯定吃了蛋糕，又已知妈妈没有吃蛋糕"，我们就可以判断出"妹妹吃了蛋糕"。

我们能够感知到"矛盾""谎言""错误"的能力也与推理密切相关。例如，我们在影院经常会看到这样的价格提示：65岁以上的老人，票价为半价。假设你的年龄在65岁以上，你就会认为"我只要花半价就可以买到电影票"。但是如果到售票口去买票，被告知需要支付的票价高于半价，那你肯定会觉得"好奇怪，这和价格提示矛盾了"，或者会感觉到"我是不是被骗了"等。也就是说，在"65岁以上的老人，票价为半价，而且我已经65岁以上了"的情况下，你很自然地就会推论出"我买电影票只需要半价"的结论。

相信看了上面的例子，有"这不是理所当然嘛""逻辑推理，这也没什么了不起的"这样想法的人肯定不少。但其实"让人感觉理所当然"也是非常重要的一点。在辩论中这也是能够让大家都认为"这是个正确结论"的前期积累铺垫的必经过程，也能够促使人们通过思考，使讨论继续深入。如果运用正确，我们还可以取得其他人的信赖，甚至能够说服其他人，即使不能够说服，也可以提高他们"理解自己所想表达的内容"的可能性。让大家能够感觉到理所当然地推导出结论的方法就是"推理"，而推理的核心内容就是"逻辑"。

◆模式 1 ※在句子中输入 P 或 Q

【前提】输入 P 或 Q，而且不输入 P。

【结论】Q。

之前所举的蛋糕的例子就是这种推理模式。可以把 P 看作"妈妈吃了蛋糕"，Q 看作"妹妹吃了蛋糕"。

【前提】P）妈妈吃了蛋糕。Q）妹妹吃了蛋糕。两者之一
　　　　妈妈没有吃蛋糕

【结论】Q）妹妹吃了蛋糕

接下来的模式 2 与之前不同，用 A 或 B 来替换 x，而不是往句子里面填充。

◆模式 2 ※A 为名词语句，B 定义名词语句或动词语句或形容词语句等，x 指代入的某个特定的事物（固有名词或代词等）

【前提】A 适用于 B，x 是 A。

【结论】x 适用于 B。

在刚才提到的看电影的例子中，A 就是"65 岁以上的人"，B 就是"电影票价为半价"。x 就是"我"。

【前提】A）65 岁以上的人全部适用于 B）电影票价为半价。x）我是 A）65 岁以上的人。

【结论】x）我可以半价买到电影票。

模式 1 中的 P 或 Q，模式 2 中的 A、B、x 等各种句式，按这种方式可以推导出很多让人感觉"理所当然"的结论。接下来，我们再看一些稍微简单的例子。

◆模式 3 ※ 在句子中输入 P、Q

【前提】输入 P 是正确的

【结论】不输入 P 是错误的

◆模式 4 ※A 和 C 为名词语句，B 是名词语句或动词语句或形容词语句等，x 指代入的某个特定的事物

【前提】x 对 A 进行着 B 的动作。A 是 C。

【结论】x 可以对 C 做 B 动作。

举例：

【前提】x）花子 B）养了 A）一条狗。A）狗是 C）宠物。

【结论】x）花子 B）养了一只 C）宠物。

自亚里士多德开始，很多知识分子学习了这种推理模式，并且将其运用在有关神学知识的讨论中、法庭上的辩论中或各种演讲中。逐渐地，各种推理模式的知识演变成了"逻辑学"这样一门学科。但是，推理的模式有很多种类，我们很难全部记下来。到了 19 世纪，出现了计算推理模式演变的学科，比如现在的"符号逻辑学""数理逻辑学"等就是这样的学科。人类的思维模式与数学之间的结合对很多领域都产生了巨大的影响，而且计算机的诞生也受到了这种结合的启发。

5.2 推理与语义理解

推理与语义理解也有很大的关系。我们每天都会听到、读到很多句子，我们会思考这些句子是否属实，但是单凭句子本身来判断句子是否属实是不科学的，基本上如果这个句子是真的，那么另一句也是真的或者另外一句就是假的。

　　举一个简单的例子。比如"花子养了一条狗"这句话如果是真的，那么根据刚才的推理模式 4，就可以知道"花子养了一只宠物"也是真的，同时，根据刚才的推理模式 3，可以得出句子"花子没有养狗"是假的。当然还有许多其他句子都可以从"花子养了一条狗"这句话推理得出真假。

　　如果"花子养了一条狗"是真的，那么下面这些句子就是真的：

　　"花子养了宠物"

　　"有人养了一条狗"

　　"有人养了宠物"

　　…… ……

　　而下面这些句子就是假的：

　　"花子没有养狗"

　　"花子没有养宠物"

　　"没有人养宠物"

　　…… ……

　　当然，即使"花子养了一条狗"这句话为真，也不能判断以下这些句子是否为真。

　　不能判断是否为真的句子（不受影响的句子）：

　　"花子养了一条吉娃娃"

　　"花子只养了狗"

　　"花子喜欢狗"

　　"花子喜欢猫"

　　"花子家很大"

　　…… ……

　　当然在上面列出的句子中，有些为真的概率高，有些概率低，其中也有与"花子养了宠物"差不多等同含义的句子，但是也不能确定是绝对真或绝

对假。

　　有一点必须要注意，那就是"一个句子是从另一个句子推断出来的"，与这个句子本身"是否是真实的描述"没有关系。比如刚才举的例子"花子养了一条狗"即使不是真的，上面的那些推理或者推理的过程也都不受影响。但是，判断一个句子是不是从另一个句子推断出来的，对判断这个句子是否属实也有很大用处。前面的章节提到了对词语的理解在某种程度上与"验证该句子是否属实"有关。在前一章介绍过，如果只通过人们的五官直接感受，只能验证几个句子的真实性。作为例子，我们列举了一些包含抽象词语的句子，或"所有的××，都××"，像这样的"广义描述性的句子"。但即使是这样的句子，我们也可以经过多次推导，最终找到可以用我们的五官直接感受到的句子。

　　例如，科研人员就会经常用这种方法来对科学假设进行假想实验。这种科学假设通常不会被人们的感官捕捉到，像"能量守恒定律""宇宙中所有质点之间的万有引力"等中包含的"能量""质点""万有引力"等抽象词语，它们从广义角度来描述这个世界中存在的一些规则。但是，"如果这个观点是正确的，那么就应该是什么样"等像这样的推理层层叠加，直到能够通过人们的五官直接确认，并且可以通过实验来验证它是否正确，最终才可以延伸到通过显微镜或望远镜观察，用具体的实验室仪器测出的数据来最终印证它。

　　另外，在前一章，我们还提到了如何区分两个句子之间含义的不同。即使我们清楚地知道这句话有着不同含义，但是也很难用不同的图形来展示含义的不同之处。其实如何判断含义相同或含义不同，这其中也涉及推理。从推理的角度来看，"A和B两个句子的含义相同"可以用如下句子描述。

　　　如果A为真，那么B一定为真；
　　　或者，B如果为真，那么A就一定为真。

　　也就是说，如果两个句子A和B的含义相同，那么就可以从A推出B，反之亦然。当"一个是真的，则另一个一定是假的"时，那这两个句子的含义就是相同的。"A 和 B 两个句子的含义不同"这句话的否定就是"A 为真，B 是否为真不知道，或者 B 为真，A 是否为真不知道"这两种情况的其中之一。

> 1. 如果"太郎和花子一起出去了"是真的，那么"太郎和花子去约会了"就是真的吗？
> 2. 如果"太郎和花子去约会了"是真的，那么"太郎和花子一起出去了"就是真的吗？

如果两个问题的答案都是"是"，那么这两个句子就具有相同的含义。但是，对于问题 1，一般回答肯定为"不是"。因为即使两个人一起出去，也不一定就是去约会。对于问题 2，这取决于各人对"约会"的定义。那些认为"没有一起出去玩儿就不能叫约会"的人肯定会回答"是"，而那些认为"即使没有一起出去玩儿也是约会"的人肯定会回答"不是"，即便如此，"太郎和花子一起出去了"和"太郎和花子去约会了"这两句话的含义也是不同的。

接下来再看另一个例子："一起出去"和"一起外出"。

> 1. 如果"太郎和花子一起出去"是真的，那么"太郎和花子一起外出"就是真的吗？
> 2. 如果"太郎和花子一起外出"是真的，那么"太郎和花子一起出去"就是真的吗？

这里估计很多人都会回答"是"。这是因为"我们一起出去了，但没有一起外出"是肯定不对的。所以，可以得出"出去"和"外出"具有相同含义的结论。像这样，我们通过对各种推理的尝试，最终得出"是否具有相同含义"的结论。

除此之外，前一章中作为"图片无法表达的事物"的例子中用到的功能词的含义也与推理密切相关。"然后""或者""不是""所有"以及表示假设的"如果"等这些功能词和推理也是直接相关的。即使是"只有""仅仅""也"等这种仅考虑它本身是什么意思都很难的词，我们也需要靠推理才能得出它们的真正含义。

5.3 妨碍逻辑性思考的东西

和之前讲到的一样，在人们日常的思考和谈论中都或多或少会进行一些逻辑推理。但是，如果逻辑推理如此之常用，那为什么人们在现实中还要那么热衷于去学习"逻辑思维方式""说话方式"等课程呢？我们通常所说的"逻辑"听起来很抽象，还有很多人认为自己"不擅长逻辑思维"。其实在很多情况下，并不是因为逻辑本身有多难，而是我们受到了其他各种因素的影响。

● 情绪和环境

在这些因素中就有情绪和环境的影响。在生活中，我们经常会有在感情上不想承认，或者不太方便承认的事情。当这种在情绪上"不想接受的结论"出现时，我们就会试图歪曲事实逻辑。同样，如果某个人有"我想以这种方式做出这样的结论"这种想法时，该想法是否符合逻辑就会被无视。估计很多人也有这样的经历，如果一个会议在开始之前大家已经知道了讨论结果，估计很少有人会发表真实意见。即使是针对个人的谈论，比如对于有"我就觉得应该是这样，即使可能事实与此相悖，我也是这样认为的"这种想法的人，这个时候不管你跟他说什么都是说不通的。

● 错误

第二个因素就是单纯的错误。即使是最简单的推理模式，如果多层叠加起来就会变得非常复杂，疏漏也会随之增多。特别是像"A 的情况下是这样，但是 B 的情况下是那样"这种有条件区分的情况，想要"退回到本该正确的论点"就会很困难。或者有时虽然不是正确的推理模式，但是看起来又像是某种模式，从而引起的错误。例如下面介绍的这个模式，就和之前的模式 2 非常类似，但它其实不是正确的推理模式。

◆ 错误的推理模式

【前提】A 不适用于 B。x 不适用于 A。

【结论】x 不适用于 B。

举例：

【前提】A）65 岁以上的所有人 B）电影票价为半价。x）太郎 A）不是 65 岁以上。

【结论】x）太郎 B）买不到半价电影票。

其实推翻上述这种推理的例子并不难。因为即使前提是正确的，我们也不能排除"有除老人优惠以外的打折活动，且太郎正好满足这个活动的条件"这种可能性。但是，在某些时候找出这种推理错误是很困难的。

● 词语的定义

第三个因素就是有可能这个词语本身没有确定的定义。能够"给 A 这个词下定义"的意思就是指"不管在什么情况下你都可以判断出这个东西是不是 A"。如果做不到这种程度，在和对方进行交流时你使用了同样一个词，但是表达了不同的意思，这样在与对方的交流中就肯定会出现误解。

例如，有两个人正在探讨关于老龄化社会的一些问题，其中一个人的表达中"老人"指的是"超过 65 岁的人"，但另一个人指的是"超过 75 岁的人"。那么如果此时对 68 岁的人进行观点验证，不管在理论上多么合理，估计这两个人也很难取得共识。此时，如果一方认为"好像有些地方不太对"，并与对方确认了这里的老人到底是指什么样的人，可能就不会发生歧义。但是，如果有一方故意混淆词语的定义，在对话中某些时候是指"超过 65 岁"，在另一些时候又指"超过 75 岁"，用这种混淆方法与对方沟通那就不太妙了。

● 隐藏的前提条件

第四个因素就是没有意识到潜在的前提条件。在刚才所举的例子中，从"花子养了一条狗"推理到"花子养了宠物"，其中这个推理需要以"这条狗是宠物"的认知为前提。更加详细的介绍将在下一章进行，但读者需要知道人们在了解了这个推理的前提下，才能得出"花子养了宠物"这个结论。也就是说，对于有这个推理前提认知的人，即使不对他进行特别的说明，他也可以很容易得出推论，但是如果没有这个前提认知的话是不能推理得到这个结论的。说话的人和听众之间有没有意识到这种潜在的前提条件甚至决定了这次沟通的成功与否。可能看到这条宠物狗却不知道"这条狗是宠物"的人并不是很多，但如果需要进行一些更加专业性的交流沟通，还是需要注意一下与你交谈的对象是否已经了解了作为本次对话内容的那些"前提条件"比较好。

● 歧义

第五个因素就是语言的歧义性。其实在我们的日常对话中有很多有歧义的用法。例如，我们经常会说"狮子是动物""狮子是危险的"，像这种"A是B"的句型很常用，但这种句型存在如下歧义。

> ①所有的A都是B。
>
> ②几乎所有的A都是B。（但是有特例）
>
> ③只有特定的A才是B。
>
> ④只有某种A才是B。

像"狮子是动物"这样的语句就符合①的类型，因为所有的狮子肯定毫无例外都是动物。但是像"狮子是危险的"这个句子，一般情况下我们就会认为它不是第①种类型，而是第②种类型。因为在现实中，也有些狮子完全没有危险，但即便如此，也不能说这个句子是不对的。再比如"有个狮子失踪了"这个句子，就应该属于第③种类型。如果是在动物园内，声明在某个特定的地方饲养的"狮子是危险的"，也符合第③种类型。第④种类型虽然看上去和第①种相似，但是严格来说也是不同的。比如"狮子是百兽之王"这个句子，就应该理解为是第④种类型，而不是第①种类型。原因就是，这里所说的狮子显然应该把它理解为和其他动物区分开来的"物种"，这个句子并不是在说"所有的狮子个体都是百兽之王"。另外，同样是"A是B"这样的句型，像"说到夏天想到的就是热""艺术是有冲击力的"等这样的句子就不属于①~④中的任何一种。

如果谁说了"A是B"之后，没有搞明白到底所指的是什么的话，就很难判断由此所推出的结论是否正确。大部分情况下，我们都可以与当时的语境结合起来判断，但也不是全部都如此。特别是想表达第③种类型的意思却被误解为了第①种类型或者第②种类型，想表达第②种类型的意思却被误认为是第①种类型，会给人们造成困扰。在日常生活中我们经常随口说出"女人是……""年轻人是……""××人是……"等句子，如果把主语理解为"所有的女人或年轻人"，可能就会出现一些令发言者难以想象的结论。

5.4　机器的逻辑判断：含义关系识别

影响逻辑判断的因素有很多，而且我们在理解语义时也确实用到了很多的逻辑推理。所以，如果想要制作出能够真正理解语义的机器，那么这方面的考虑不容忽视。

在上一章，黄鼠狼们接受了新的课题挑战"含义关系识别"，其实这在2006 年左右曾经盛极一时。"含义关系识别"具体来说就是给机器提供一对句子，一句是前提，另一句是结论，判断是否能从前提推导出结论。大多数情况下，有以下三种类型的回答。

〇前提为真，结论也为真。

× 前提为真，结论为假。

? 前提为真，但是结论不知是真还是假。

实现这个逻辑推理的具体方法，我们将会在下一章进行详细介绍。

第6章
理解句子与句子之间的逻辑关系（2）

"唉，好麻烦啊！"

"黄鼠狼村被害人大会　第一场"结束几天后的一个早上，黄鼠狼们开始抱怨了。

"真是难以忍受，为什么我们必须要做这种事情，真是没有道理。"

黄鼠狼们把浣熊给的 1000 个问题平铺在地上，还有一封浣熊的信，信上写着"你们要是做出能回答这些问题的机器，其他村的动物就原谅你们"。黄鼠狼们进行了分工：一半分析问题，另一半做回答问题的机器。它们必须在一个月后的"黄鼠狼村被害人大会　第二场"上展示成果。第二场会议上黄鼠狼们的机器要能回答这次的问题和另外的 1000 个问题，以此来判断机器的质量。

浣熊的信上还写了"如果这些问题能够解决，那么就朝制作懂得语言的机器人迈进了一大步"，但是黄鼠狼们都不知道这是什么意思，因为它们在第一场会议的中间就睡着了，谁都没有听到这些问题是什么意思。

"这些问题都是什么意思啊？"

它们发现了下面这些问题。

问题 1

A. 蚂蚁太郎吃了方糖，然后蚂蚁小美吃了粉糖。

B. 蚂蚁太郎吃了方糖。

正确答案：〇

问题 2

A. 蚂蚁太郎吃了方糖。

B. 蚂蚁太郎吃了方糖，然后蚂蚁小美吃了粉糖。

正确答案：？

问题 3

A. 鱼村的村民全部持有潜水资格证。鱼吉是鱼村的村民。

B. 鱼吉持有潜水资格证。

正确答案：〇

问题 4

A. 鱼吉持有潜水资格证。鱼吉是鱼村的村民。

B. 鱼村的村民全部持有潜水资格证。

正确答案：？

问题 5

A. 如果河豚爸爸是犯人的话，河豚孩子是无罪的。可以确定河豚爸爸是犯人。

B. 河豚孩子是无罪的。

正确答案：〇

问题 6

A. 河豚孩子是无罪的。

B. 如果河豚爸爸是犯人的话，河豚孩子是无罪的。可以确定河豚爸爸是犯人。

正确答案：？

"这是什么意思？有 A 和 B，然后回答是'○'或者'？'。"

"哦，我知道了。这是在问上面句子的含义里有没有包含下面的句子，有的话就是'○'，没有的话就是'？'。"

"是吗，就是看有没有包含吗？"

"对啊，你看下面的 B 句子里的所有字全都是 A 里面的就打'○'。问题 2 的 B 句子'然后蚂蚁小美吃了粉糖'A 句子里没有，问题 4 的'全部'A 句子里没有，问题 6 的'如果河豚爸爸是犯人的话'A 句子里面也没有。"

"原来如此，为什么要出这么简单的问题？"

"这样也不错，不需要考虑太多。肯定是出问题的那些鱼啊、蚂蚁啊、变色龙啊，它们也没有考虑太多。它们也不可能考虑太多，所以我们也是做得差不多就可以了。"

"对啊对啊，差不多就行了。"

黄鼠狼们就先做了一个"A 句子中的词语如果在 B 句子里也有的话就是'○'，没有的话就是'？'"的机器。它们从鼹鼠村的鼹鼠耳朵上拿到了"把句子划分成词语的零件"，使用它把 A 句子和 B 句子比较一下就可以了，非常简单。

"哇，已经做好了。""那我们快来试试吧。"

黄鼠狼们用做好的机器读取了问题，它们非常期待结果，但是最后的结果让它们大吃一惊。

"居然 1000 个问题中只有 75 个正确。"

"还不到十分之一啊！"

黄鼠狼们看了下面的问题，刚才问题 1 ~ 6 都是正确的，但是问题 7 和 8 就不对了。

问题 7

A. 鱼村的村民都持有潜水资格证。鱼吉持有潜水资格证。

B. 鱼吉是鱼村的村民。

正确答案：？

黄鼠狼们的答案：○

问题 8

A. 河豚爸爸是犯人的话，河豚宝宝就是无罪的，而且已知河豚宝宝是无罪的。

B. 河豚爸爸是犯人。

正确答案：？

黄鼠狼们的答案：○

"为什么这两个问题的正确答案是'○'啊？"

"喂，你们看，下一个问题的答案还有'×'呢？"

终于黄鼠狼们发现了有答案是"×"的问题。

问题 9

A. 河豚小助不可能擅长足球。

B. 河豚小助擅长足球。

正确答案：×

黄鼠狼们的答案：○

问题 10

A. 蚁神喜欢方糖。

B. 蚁神不喜欢方糖。

正确答案：×

黄鼠狼们的答案：○

"嗯，这个是不是如果中间有一个句子里面有'不'答案就是'×'？"

黄鼠狼们在原来的基础上又加了一条"如果中间有一个句子里面有'不'答案就是'×'"的标准，又打开了机器。然后在 1000 个问题中，正确答案变成了 83 个。

"咦，下面那个问题的答案变成错的了，刚才明明还是对的。"

> 问题 11
>
> A. 河豚小助不喜欢足球，河豚小平不喜欢游泳。
>
> B. 河豚小助不喜欢足球。
>
> 正确答案：〇
>
> 黄鼠狼们的答案：×
>
> （刚才还是〇）

　　黄鼠狼们很失望，很快就放弃了思考，因为想来想去它们也不知道到底是哪儿出错了（本来它们都不知道这些问题是什么意思，发展到这一步也是意料之中），它们也没有动力继续做下去了。

　　"不想做了，算了吧。"

　　"对啊，走，我们去找浣熊抱怨抱怨，这种问题根本没办法做。"

　　"对啊对啊，走走走！"

　　黄鼠狼们一个接一个地往浣熊家里走去。被叫出来的浣熊听了黄鼠狼们的说法一脸惊讶。

　　浣熊："在会议上已经决定的事情怎么能出尔反尔呢，你们本来是要一个个被卖到各个村子里去的，还记得吗？"

　　黄鼠狼们："当然记得，但是这些问题也太难了。"

　　黄鼠狼们告诉了浣熊它们想要放弃的缘由，浣熊真是无语了。原来它们从一开始就不知道这 1000 个问题是什么意思。

　　浣熊："不管怎么说，也不能这么早就轻易放弃啊！"

　　黄鼠狼们："但是我们真的不知道怎么办，浣熊你知道吗？"

　　浣熊："我虽然也不确定，但是觉得这样做比较好，我这里有一个可参考的简单方法。"

　　听了浣熊的话，黄鼠狼们两眼放光。

　　黄鼠狼们："快教教我们吧。"

　　黄鼠狼们很想听听浣熊的简单方法，就开始一起喊："提示一下！提示一下！"

　　浣熊说："如果你们真想认真做这个，我可以给你们讲解一下。"

黄鼠狼们强烈赞同。于是浣熊就拿着家里的机器给黄鼠狼们看，机器的屏幕上有很多与下面类似的"模式"。

模型 1

【前提】P 和 Q 中有一个，不是 P。

【结论】Q。

模型 2

【前提】全部的 A 都是 B。x 是 A。

【结论】x 是 B。

模型 3

【前提】P 是正确的。

【结论】不是 P 的都是错的。

中间省略一个。

模型 5

【前提】P 然后 Q。

【结论】P。

模型 6

【前提】有 P 的话就有 Q。

　　　　然后 P。

【结论】Q。

后面的省略。

黄鼠狼们："这是什么啊？"

浣熊："正确的推理模型。给你们的这些问题我以前试着解答过，这是我之前收集的。"

看到黄鼠狼们还是不明白，浣熊接着说明。

浣熊："给你们的问题都是有了前提 A，能不能推理出 B 的问题。正确的推理是有固定句型的，这个你们知道吗？这些句型可能有无数个，但是只要教会了机器少量的句型，后面机器通过计算就能知道其他的句型。所以如果我是你们的话，就会思考问题中的 A 和 B 能对应到哪个句型中。"

即使这样说，黄鼠狼们还是不明白。浣熊就先给它们看了一下例子。浣熊把问题 1 中的 A "蚂蚁太郎吃了方糖，然后蚂蚁小美吃了粉糖"输入机器里，然后屏幕上发生了下面的变化。

蚂蚁太郎吃了方糖，然后蚂蚁小美吃了粉糖。

"然后"的前面对应 P，"然后"的后面对应 Q。

P）蚂蚁太郎吃方糖，然后 Q）蚂蚁小美吃了粉糖。

对应模型 5。

P）蚂蚁太郎吃方糖。

"吃"改正为"吃了"。

蚂蚁太郎吃了方糖。

黄鼠狼们终于明白了这个变化的意思。

黄鼠狼们："好厉害，问题 1 中的 A 变成了 B！"

浣熊："明白了吧，把 A 放到正确的推理模型中，如果能出现 B，那就说明从 A 能够推理出 B，那么答案就是'〇'了。"

浣熊又试了一下别的问题。

蚁神喜欢方糖。

整句话作为 P。

P）蚁神喜欢方糖。

对应模型 3。

P）蚁神不喜欢方糖是错误的。

所以蚁神不喜欢方糖这个结论是"×"。

浣熊："怎么样，这个是问题 10，把 A 放到推理模型中，结果出现 B 是

错误的时候,那么从 A 可以推理出 B 是否定的,答案就是'×'。"

黄鼠狼们非常赞同。

黄鼠狼们:"那答案是'?'的呢?"

浣熊:"把 A 放到对应的推理模型中,如果既不能出现 B,也不能出现 B 的否定,那么答案就是'?'了。"

黄鼠狼们:"那这样就能解答所有的问题了吗?"

浣熊:"至少你们现在看到的问题都能解答了。那么,我们也解答一下这个问题试试吧。"

浣熊指着黄鼠狼们还没有看到的一个问题。

问题 12

　A. 所有的蚂蚁都是劳动者,然后所有的蝈蝈都是懒惰者。蚂蚁太郎是一只蚂蚁。

　B. 蚂蚁太郎是劳动者。

浣熊:"这个问题要解答必须要用两个模型的组合,请仔细看。"

所有的蚂蚁都是劳动者,然后所有的蝈蝈都是懒惰者。(A 句的前半句)

"然后"前面的对应 P,"然后"后面的对应 Q。

P)所有的蚂蚁都是劳动者,然后 Q)所有的蝈蝈都是懒惰者。

对应模型 5。

所有的蚂蚁都是劳动者。

加上 A 的后半句。

所有的蚂蚁都是劳动者。蚂蚁太郎是蚂蚁。

蚂蚁作为 A,劳动者作为 B,蚂蚁太郎作为 x

所有的 A)都是 B)劳动者。x)蚂蚁太郎是 A)蚂蚁。

对应模型 2。

x)蚂蚁太郎是 B)劳动者。

浣熊："就像这样把问题 12 用模型 5 和模型 2 的组合来解答，就算模型的数量比较少，但是可以随意组合，所以能够解答的问题就增加了。"

黄鼠狼们很兴奋。

黄鼠狼们："浣熊先生，那这样不是已经做好了解答问题的机器了吗？那为什么还要我们特意解答这些问题呢？"

浣熊："没有啊，这个机器还有很多各种各样的问题呢。"

虽然浣熊这样说，但是黄鼠狼们现在只想着怎么把这个机器给拿过来。如果有了这个机器，那在第二场会议召开之前，它们就能悠闲地过一段日子了。于是黄鼠狼们执着地问浣熊能不能把这个机器送给它们。

浣熊："但是这个机器还要解答更多的问题才可以啊，它没有解答过的问题还有很多呢，首先……"

虽然浣熊想继续解释，但是一抬头已经看不到一只黄鼠狼的影子。它们已经迫不及待地拿着浣熊的机器下山了。浣熊叹了一口气。

浣熊："那就算了吧，反正它们肯定还会来的。"

回到村子里的黄鼠狼们马上就开始使用浣熊的机器。

"1000 个问题都能回答出来吗？""还是不要抱太大期望，期望越大失望也越大。大概能解答出 990 个问题吧？""不，我觉得全部都能解答出来！"

机器停止了，当黄鼠狼们看到屏幕上的正确答案的数字时，都怀疑自己的眼睛了。

"54 个！？" "这是什么啊，比之前的正确答案还少！"

黄鼠狼们找了一下没有答对的问题，然后看到了很多没有解答出来的问题。

"为什么回答不出来呢！" "浣熊给我们的是什么机器啊！"

黄鼠狼们生气地向浣熊家里冲去。浣熊早知道黄鼠狼们还会来，已经在家外面的桌子那儿坐着喝茶了。它看到黄鼠狼们就说："你们是看到没有解答出来的问题太多，来抱怨的吧？"

正想抱怨的黄鼠狼们没法开口了，它们非常惊讶。

黄鼠狼们："你都知道啊，那为什么不告诉我们呢？"

浣熊："我想说的时候你们都已经跑了。这个机器如果直接解答那 1000 个问题正确率是很低的，你们知道为什么吗？"

黄鼠狼们纷纷摇头。

浣熊："那是因为很多问题都是没有办法直接对应推理模型的。比如说下面的三个问题，你们应该有印象。"

问题 29

  A. 蚂蚁太郎吃方糖，而蚂蚁小美吃了粉糖。

  B. 蚂蚁太郎吃了方糖。

  正确答案：〇

问题 34

  A. 蚂蚁太郎吃方糖，蚂蚁小美吃了粉糖。

  B. 蚂蚁太郎吃了方糖。

  正确答案：〇

问题 72

  A. 蚂蚁太郎把方糖，蚂蚁小美把粉糖吃了。

  B. 蚂蚁太郎吃了方糖。

  正确答案：〇

黄鼠狼们知道这些问题都和问题1很像，只是A的说法有些不一样。

浣熊："问题1的句子是'蚂蚁太郎吃了方糖，然后蚂蚁小美吃了粉糖'，对吧，但是问题29中的A句没有用'然后'而是用了'而'替代，问题34中都没有可以替代'然后'的词，问题72的A中前半句都没有出现'吃'字。"

黄鼠狼们："但是意思和问题1都差不多，为什么不能像问题1一样回答正确呢，不明白。"

浣熊："对啊，要回答问题1就必须要能直接对应推理模型5。但是，要对应推理模型5，必须要进行句子的变形。"

模型5

【前提】P然后Q。

【结论】P。

黄鼠狼们："句子的变形是什么意思？"

浣熊："我为句子变形做了一些规则。比如说，如果出现与下面类似的情况，就可以对应模型5。"

句子变形规则1

x 把 y，z 把 aB 了。→ x 把 yB 了，然后 z 把 aB 了。

例：问题72

蚂蚁太郎把方糖，蚂蚁小美把粉糖吃了。

对应上边的规则1。

蚂蚁太郎吃方糖，然后蚂蚁小美吃了粉糖。

（对应模型5）

黄鼠狼们："哦……"

浣熊："这个如果不能解决的话，解答问题的数量不会变多。特别是要做出句子变形的规则需要学习的知识有很多。你们稍等一下。"

浣熊从屋里拿出了厚厚的几本书。

　　黄鼠狼们："这是什么啊？"

　　浣熊："我有一些书可以借给你们，也许能帮助你们。这是关于'然后'这类词语的书。"

　　黄鼠狼们："仅仅关于'然后'的书就这么多！我们全部都要读吗？"

　　浣熊："当然了。对了，还有关于'没有''全部''如果这样'和'吗'的书，我都借给你们吧。"

　　浣熊又从屋里拿出了很多书。关于一个词语的书就有好几本。黄鼠狼们看到这么多书脸都白了。它们鼓足勇气打开几本看了一下，但完全看不懂写的是什么。当浣熊边说"还有更多的书"边回房间去拿时，黄鼠狼们逃也似的跑走了。浣熊抱着这堆书出来的时候，发现黄鼠狼们已经消失地无影无踪。

　　浣熊："唉，又这样。我还有话没说完呢……"

　　黄鼠狼们回到了它们的村子，继续随意地工作。

　　"虽然浣熊说了要学习这呀那呀的事情，但归于一点，我们只要把各种句子放到某种'模型'里就可以了嘛。"

　　它们说着，开始在 1000 个问题中寻找可以归入模型 5 "P 然后 Q" 的句子。它们找到了下面这些句子。

蚂蚁太郎吃了方糖，另外蚂蚁小美吃了粉糖。

蚂蚁太郎吃了方糖，并且蚂蚁小美吃了粉糖。

虽然蚂蚁太郎吃了方糖，但是蚂蚁小美吃了粉糖。

尽管蚂蚁太郎吃了方糖，但是蚂蚁小美吃了粉糖。

蚂蚁太郎和蚂蚁小美把方糖和粉糖分别吃了。

蚂蚁太郎和蚂蚁小美分别吃了方糖和粉糖。

蚂蚁太郎和蚂蚁小美两位分别把方糖和粉糖吃了。

蚂蚁太郎和蚂蚁小美吃了方糖和粉糖。

　　"还有很多这样的句子。我们是不是必须把这些句子都改成'蚂蚁太郎吃了方糖，蚂蚁小美吃了粉糖'，才能符合模型 5 的要求？"

　　"都这样改可以吗？有一些会很奇怪，像下面这个。"

> 蚂蚁太郎和蚂蚁小美互相赠送了方糖和粉糖作为礼物。

"这个看起来跟'蚂蚁太郎和蚂蚁小美吃了方糖和粉糖'很像，但是要改成模型 5 的话，就变成'蚂蚁太郎把方糖作为礼物赠送给了蚂蚁小美，然后蚂蚁小美把粉糖作为礼物赠送给了蚂蚁太郎'，这样很奇怪吧？"

"很奇怪吗？还好吧？"

"很奇怪啊！不觉得奇怪的人才奇怪吧！"

"什么啊！"

有点烦躁的黄鼠狼们开始吵架。浣熊想借给它们一本书，但它们没有注意到。黄鼠狼们累到吵不动了，终于停止了争吵，躺在了地上。

"光是模型 5 就如此复杂……"

黄鼠狼很烦躁，但决定转换心情，开始看模型 2。

模型 2

【前提】全部的 A 都是 B。x 是 A。

【结论】x 是 B。

在这个模型中除了"全部的 A 都是 B"以外还有很多其他形式，比如"A 全部都是 B""每个 A 都是 B""哪个 A 都是 B"，等等。在寻找这种句子时，一只黄鼠狼发现了一个有趣的问题。不寻常的是，浣熊机器人虽然解答了这个问题，但答案似乎是错误的。

"为什么这个问题的正确答案是'？'？"

问题 78

A. 全世界都知道所有的鱼村村民持有潜水资格证。鱼吉是鱼村的村民。

B. 全世界都知道鱼吉持有潜水资格证。

正确答案：？

浣熊机器人的答案：○

"的确，这很奇怪。这与之前的问题 3 几乎一样。那到底是问题出错了还是浣熊机器人出错了？"

问题 3

A. 鱼村的村民全部持有潜水资格证。鱼吉是鱼村的村民。

B. 鱼吉持有潜水资格证。

正确答案：〇

浣熊机器的答案：〇

黄鼠狼们又去了浣熊家。浣熊知道它们会回来，所以它在花园的树上挂了一张吊床，躺着看书。听了黄鼠狼们的疑问，浣熊进行了回答。

浣熊："哦，问题 78 的正确答案就是'？'。我们对一个群体了解很多，并不意味着我们对其中的个人了解很多。"

黄鼠狼们："所以你是说，浣熊机器人犯了一个错误？"

浣熊："是的。问题 78 不应该放在模型 2 中，但我的机器人把它放进去了。我本来想在你们离开之前告诉你们的。"

黄鼠狼们："为什么不能把问题 78 放到模式 2 中？它的句型可以放进去啊。"

浣熊："它看起来像，但它不是。我之前不是告诉你们，句子是有结构的。当你把一个句子放到推理模型中时，你需要看它的结构。"

黄鼠狼们："结构？"

浣熊："句子的结构是指词语如何组合在一起构成一个句子。一个句子可能看起来像一串词语，但它不是。这方面的证据是，同一个句子，如果词语组合不同，就会有不同的含义，这取决于词语之间的修饰关系。例如，你对这个句子有什么看法？

我在白色黄鼠狼家把买来的蛋糕吃了。

"这句话中的'白色'是什么？"

黄鼠狼们都说了它们的意见。

黄鼠狼们："'白色'当然是指黄鼠狼了。""是吗？我觉得是指家。很少有白色的黄鼠狼，不是吗？""你在说什么呢？看看我，我就像冬天的白鼬一样白啊。""你那是白色吗，别把那种有点脏的颜色叫作白色了""你说什么！"

黄鼠狼们意见很难一致，情绪也变得越来越敌对。浣熊决定在黄鼠狼开始打架之前问一个问题。

浣熊："等下，也考虑一下这个问题。在这个句子中，有一个词语'买来的蛋糕'，你们觉得这个蛋糕是在哪儿买的？"

黄鼠狼们思考了一会儿，开始争相回答。

黄鼠狼们："那肯定是在白色黄鼠狼家里买的""是吗？但是，在普通动物家里买一个蛋糕不是很奇怪吗？它们一定是在某个商店买的，然后在白色黄鼠狼家里吃的。"

"我不这么认为，也可能普通动物家里卖的是自制蛋糕。""不，不可能！""怎么不可能！"

黄鼠狼们再次意见相冲。它们问浣熊："哪个是正确的答案？"

浣熊："实际上，所有这些都是正确的。'白色黄鼠狼家'可以理解为'黄鼠狼是白色的'或'家是白色的'。换句话说，'白色'可以有不同的修饰对象，根据它的影响范围是只包括'黄鼠狼'还是也包括'黄鼠狼家'，会有不同的含义。无论'白色'与'黄鼠狼'结合，还是与'黄鼠狼家'结合，这都属于结构的不同。"

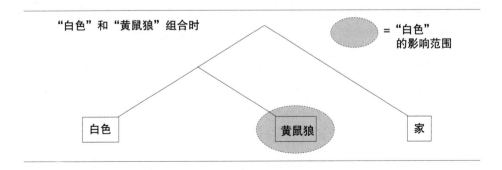

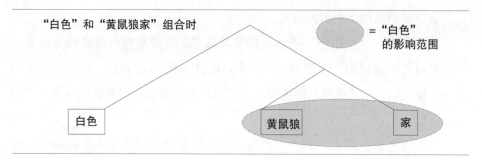

浣熊："蛋糕在哪里买的问题也是如此。根据'白色黄鼠狼家'的影响范围是只有'买来的',还是包括了'买来的蛋糕吃了', 会有不同的含义。这也是一个结构问题。"

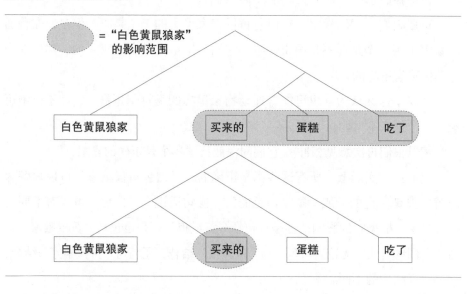

黄鼠狼们："哦,是这样啊!"

黄鼠狼们假装听懂了,但实际上它们并没有理解。与其说它们想了解问题的本质,不如说它们更想知道如何快速解决这个问题,所以它们让浣熊快点告诉它们解决方案。

黄鼠狼们："那么,问题 78 和你刚才说的有什么联系?"

浣熊:"哦,对了,问题 78 告诉我们,当我们把一个句子放入推理模型时,我们必须注意句子的结构。推理模型中有 A、B、P 和 Q 这样的符号,对吗?任何进入该句的内容都必须是句子结构中的'词块'。"

黄鼠狼们："什么意思？"

浣熊："我让你们看一个具体的例子。问题 3 的第一句话实际上是这样的结构。"

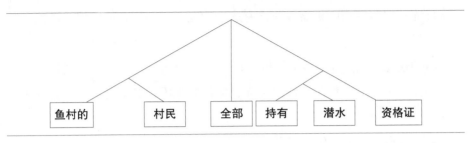

浣熊："这个句子在对应模型 2 的'全部的 A 都是 B'的时候，对应 A 和 B 的部分都必须是一个组合的。就像下面的'鱼村的村民'和'持有潜水资格证'都是一个组合的，对应 A 和 B 的时候就刚刚好。"

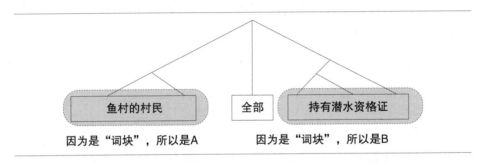

浣熊："问题 78 的第一句话也是这样的结构，但是在 B 的部分有问题，你们发现了吗？'全世界都知道……潜水资格证'这个结构中没有词块，所以不能对应'全部的 A 都是 B'中 B 的部分。"

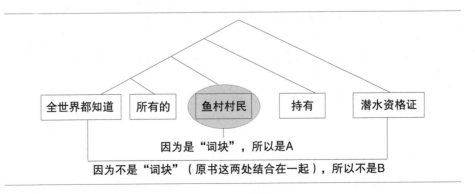

浣熊："我的机器人还没有加入分析句子构造中的组成部分的功能，所以问题 78 就直接对应了模型 2。"

黄鼠狼们："那要怎么做才行呢？"

浣熊："蚂蚁们的机器人应该有这一功能，你们把它们的那个功能添加上怎么样？"

听到这儿，黄鼠狼们马上就想去蚂蚁村了，但是浣熊叫住了它们。

浣熊："等一下！我还没说完呢，你们要是不听的话，一会儿还要再来一次。"

黄鼠狼们："还有什么事啊？"

浣熊："有一个知识性问题。要做出正确的推理，首先必须要具备词汇知识，还有一些常识。你们收到的 1000 个问题中，前 200 个问题是我提出的。我尽量选择了一些不需要具备什么知识就能回答的问题，但是剩下的 800 个问题都是鱼村、蚂蚁村，还有一些别的村提出的。如果你们不补充一些词汇知识以及常识的话，有些不能对应推理模型的问题就没办法解答了，比如说下面的问题。

问题 501

A. 蚂蚁太郎是蚂蚁。

B. 蚂蚁太郎是虫子。

正确答案：〇

问题 912

A. 青绿红胡子医生沉默着。

B. 青绿红胡子医生在说话。

正确答案：×

浣熊："这样的问题在对应推理模型的时候，在各自的 A 中必须补充下面的知识。"

问题 501

A. 蚂蚁太郎是蚂蚁。所有的蚂蚁都是虫子。

B. 蚂蚁太郎是虫子。

正确答案：○

问题 912

A. 青绿红胡子医生沉默着。沉默着的人都是不说话的。

B. 青绿红胡子医生在说话。

正确答案：×

浣熊："所以你们必须要收集类似这样的知识。"

黄鼠狼们仅是想象一下这个工作量就吓得全身发抖，但是浣熊还在接着说。

浣熊："而且我认为仅靠我机器里现有的推理模型，还不能解答全部的问题。"

黄鼠狼们："是吗？刚才你不是说'即使模型少，通过各种组合也能增加'吗？"

浣熊："这样说也可以。只是我的机器里现在加入的都是数学证明里使用的那些推理模型。即使将各种模型组合起来，本质也还是不变的。我们平时生活中还会接触到各种各样的模型，你们看下面的问题。"

问题 99

A. 龙龙酱现在在看电影。

B. 龙龙酱现在开始看电影。

正确答案：×

问题 163

A. 河豚太郎可能不是犯人。

B. 河豚太郎不可能是犯人。

正确答案：？

"我们平常也会进行这种时间上的推理，或者可能性方面的推理，这种推理也必须要教会机器才行。"

黄鼠狼们："这要怎么做呢？"

浣熊："你们需要给机器创造新的推理模型，也有很多研究日常事物推理模型的，可以认真调查一下，决定好要把哪种推理模型教给机器。"

这样说着，浣熊又拿出几本很厚的书，砰的一下放到了黄鼠狼们的面前。

黄鼠狼们："也就是说，我们还要学习？"

看着浣熊笑眯眯的样子，黄鼠狼们都要晕过去了。浣熊已经要求它们"把句子的形式改成可以放到推理模型中的形式""注意句子的构造""收集词汇知识和常识"这么多了，还要再做一个它们都不知道是什么的东西，黄鼠狼们都不想配合了。

黄鼠狼们："这种方式我们绝对做不了！"

浣熊一脸无奈。

浣熊："唉，我以为你们对'懂得语言究竟是怎么回事'很感兴趣，才告诉了你们这个方法。这个方法是根据专家关于语言意义长年研究的成果总结出来的。所以，即使现在机器并不能100%运作，但是知道了这些，不是距离你们想要知道的东西更近一些了吗？"

黄鼠狼们的内心想着，我们也并没有想要知道这么多啊。但是看到认真的浣熊纯净的眼睛，它们也不好意思这样说了。于是，它们说："嗯……但是这次不是只有一个月的时间吗？我们对你说的事情确实有兴趣，但好像很花时间。如果我们在期限内不能完成，也会给别的村子带来困扰吧？"

浣熊："确实如此。"

黄鼠狼们："所以你能不能再教给我们一个可以稍微早一点做出来的方法呢？"

浣熊："早点完成的方法啊。"

浣熊认真想了想，过了一会儿开口了。

浣熊："虽然我不知道能不能早点完成，但是确实还有一个方法。"

黄鼠狼们："太好了！什么方法？"

浣熊："但是这并不是能够从根本上解决问题的方法，也可以吗？"

黄鼠狼们："没问题，请你快教我们吧！"

浣熊："另一个方法就是，根据问题中 A 句和 B 句相似程度的多少来决定答案。你们也应该发现了，A 句和 B 句相似的话一定是由此及彼的推理。但是这些相似的地方之间与推理应该有很大联系。这个方法就是可以着重考虑一下这些联系。"

黄鼠狼们："那不就是和我们刚开始的做法一样吗？"

浣熊："确实与你们刚开始的做法有点相似。但是你们的做法是看 A 句里面有没有全部包含 B 句里的内容，这样太简单了，万一 B 句里出现了一个 A 句里没有的词语，答案就变成'？'了吧。

"思路相同的一个做法就是根据 A 句和 B 句中的词语重复率有多少来判断。举例来说，可以把词语重复率达到 70% 的问题判断为'〇'，这样可能会比较接近正确的答案。

"另外对于下面这种情况，A 句中的词语和 B 句中的词语不能直接对比，而要看它们的词语之间的近似性。也就是说，A 句和 B 句的词语字面上看是不一样的，但是如果它们是近义词，从 A 能推理到 B 的可能性就比较大了。"

问题 593

A. 河豚太郎和河豚宝宝一齐出去了。

B. 河豚太郎和河豚宝宝一起出去了。

正确答案：〇

黄鼠狼们："这个比你刚才说的方法简单吗？"

浣熊："不知道这个会不会更简单，但是这种方法也要求判断者必须具备一定的词汇知识和常识。要知道句子之间的相似性，就必须要知道一些近义词、同类词的知识。"

黄鼠狼们："那还需要像刚才一样考虑句子的构造以及推理模型吗？"

浣熊："那倒不需要，不过你们想用的话也可以用。"

黄鼠狼们对新的方法表示出了强烈的兴趣，因为它比第一种方法简单得多。

黄鼠狼们："我们决定用这种方法去做！"

浣熊："嗯，这次时间紧急，用这种方法也可以。但是你们要是真想知道懂得语言是怎么回事，也应该试试我说的第一种方法，而且只采用寻找相似性的方法，可能连前 200 个问题都解答不了……"

浣熊刚说完，黄鼠狼们就不在眼前了，它们已经顺着山路开始下山了。浣熊深吸一口气："它们这种状态能不能完成啊？"

6.1　套用语句的推理模式

前文介绍了推理是有模型可循的，而且像这样的模型是可以用机器计算的。所以，可能有很多朋友就会认为让机器进行逻辑推理很简单。确实，某个句子如果符合某种推理模型，那么其后的计算过程可能会与用计算机进行数字运算一样简单。但是重点在于这之前的部分——如何对我们的语言进行逻辑模型分类。

"句子的类型和逻辑推理模型没有一一对应"是造成推理阶段运算十分困难的原因之一。这在前面的章节也指出过，一个逻辑推理模型，与之对应的句子类型有很多。有时即使是同一句子类型，也不一定适用于同一个逻辑推理模型。比如在前文提到的模型 5 "P 然后 Q"，其他模型也可以进行相同的描述。为了解决这个问题，就需要深刻理解与每个模型相关联的词的含义（换言之，需要把过去的那些研究，如浣熊所拥有的那些海量文献全部都研究一遍）。通过前文可以了解到，我们必须注意句子的结构。通过了解句子的结构，你就能够知道句子的哪一部分是"固定存在的"，哪个词是否在哪个词的"影响范围"中。人类几乎可以无意识地使用这些信息，用来作为理解词语的线索。对输入句子的结构进行的分析我们称为"语法分析"。虽然关于这种机器的研究很久以前就开始了，但遗憾的是，它仍然不能达到 100% 的准确率。特别是在句子较长的情况下，就会出现很多与之相应的"句型结构候选"，这就很难做出选择。如果在此阶段发生错误，就很难将句子正确地放在推理模型中。此外，当将句子放入推理模型时，可能还需要补足那些隐藏的前提条件，例如一些常识和词汇的基本知识。正如第 5 章所介绍的那样，即使是人类，也需要通过互相交流沟通才能理解句子（或对话）的含义。但是，人类可以寄希望于彼此对常识的一些共识，而对于机器，则必须要从零开始告诉它所有的知识才可以。像前文提到的"蚂蚁是昆虫"这种常识也必须事先提供给机器，还有像下面的这种句子。

都是黑色，那么就没有白色。

大家都坐着，那么就没人站着，也没有人偷懒。

如果桌子的腿断了，那么这个桌子就是坏的。

即使桌子的腿是白色的，那么桌面也不一定就是白色的。

如果有个人尊敬某个人，那么前者肯定知道后者的很多事情。

忘在家里的东西，肯定在家里。

············

在阅读上面的句子时，可能有人会感到混乱。这些内容对我们来说太多了，但信息量很少，所以会让我们感到很不适应。然而，为了让机器进行推理，所有这些信息也都必须输入机器中。这个问题就涉及语言理解的所有课题，具体将在下面的章节中详细介绍。另外，推理模型有时也需要进行修改。到目前为止引入的推理模型大部分是以数学上的推理证明为基础。但是，如果要用来处理人们的日常行为，这些推理模型显然是不够的。关于推理模型的研究有很多，对这些研究我们也有必要进行学习。

像这样，"将句子应用到某种推理模型中"的方法有一定的难度，需要跨语言学和逻辑学的大量知识。目前采用的方法有确定句子的结构、根据推理模型修改语句、补足隐含信息和计算推理模型的各个步骤，即使这样也无法保证获得100％正确的结果，会出现误差累积的问题。而且这也不完全是机器计算的问题，有些情况下，是研究的内容中存在错误或不足而导致的。为了减少影响，就需要我们参考现阶段最新的研究成果，或者完全自己做研究。

6.2 语句之间的相似性

根据前提和结论之间的相似度来进行判断是现在流行的做法，也就是在本章中介绍的黄鼠狼们所选择的方法。现在主流的方法还是套用语句的逻辑推理模型。通过查看两个句子之间的推理关系是否成立来判断两个句子是否意思相近的做法其实是不正确的。"意思相近"和"存在推理关系"完全是两个不同的概念，并不能用前者对后者进行说明。

　　但是，在本书的最开始，我们提到过"对于机器来说，并没有必要一定要参考我们人类的活动方式"。这对于在工程学上的应用是至关重要的。我们并不需要在所有问题都搞清楚后再去将机器进行实际应用，即使没有搞清楚实际是怎样的，但如有近似结果，也可以将机器应用到实际中去。像这样的例子在历史上数不胜数。让机器识别推理关系也是如此，如果能够大致找到"句子之间的相似性"，也是有可能进行很多实际应用的。就像黄鼠狼们最开始其实并没有真正理解那些例题到底是什么样的问题，它们只是单纯地对文字进行了表面上的类比。

　　像这种表面类比的方法，虽然是基于类似语句的一种简单方法，但是在识别语句含义的关系时是一种常被采用的方法。因为字面上的相似性对于机器来说也是用于推测语义相近的一种非常有用的信息。

　　然而，只看到词语表面上类似的意思，还是无法得出最终的正确答案，为了解决这个问题还需要很多抽象性的信息。像同义词、近义词等就是常被用到的关于词语相似语义的信息。但是，正如本书中所强调的，真正的语义到底是什么还没有准确的答案。在这样的情况下——即使不知道词语真正的意思，还是要找到并判断出和这个词语相同或者类似的词语。带着这些疑问，我们继续了解下一章的内容。

第 7 章
掌握词语含义的能力

和浣熊交谈后，定好行动方案的黄鼠狼们安心地回到了村子。

"这下可以放心了，只要知道 A 句和 B 句是不是相似就可以了。"

"但是具体要从哪儿开始着手呢？"

"对啊，还需要找出同义词和近义词。"

"唉！"

黄鼠狼们默默地思考着，教师黄鼠狼开始发表意见。

"知道了！有一个简单的方法，为什么我们一直没有想到呢！"

"什么？什么？"

"让机器记住词典的全部内容就行了！这样它就能掌握全部的同义词和近义词了。"

"对，那样就能明白词语的意思了。这么看来，要做出来懂得语言的机器还是很简单的。"

黄鼠狼们对这个提议很满意，还很得意地想，为什么别的村子的动物们都没有想到这么简单的方法。很快，所有黄鼠狼一起行动，开始把黄鼠狼新闻出版社出版的词典内容输入机器里。没花几天时间，它们就把词典里的所有内容都输入了机器里。

"哇，终于完成了！"

"快，试一下它懂不懂词语的意思吧。"

黄鼠狼们给机器安装了"鼹鼠耳朵"，问了一些类似于"人权的意思""天真无邪的近义词"等问题，但是机器"嗯嗯啊啊"回答不上来。

"啊？好奇怪！明明这些内容在词典上都有啊！"

"对啊，为什么呢？"

这时，去了别的地方的黄鼠狼们也都回来了。

"大家快来，刚才我们去貂村借钱，你们知道貂在做什么吗？它们居然在做机器用的词典！"

"机器用的词典？"

"就是机器能看懂的词典。我们快去看看吧！"

黄鼠狼们赶快去了貂村。貂看起来与黄鼠狼相似，但比黄鼠狼小了一圈。黄鼠狼对它们也有很大意见，因为它们的脸很可爱，在黄鼠狼以外的动物中很有人气，而且还很擅长做生意，有很多钱。黄鼠狼们对它们的印象还停留在这些方面，觉得它们总是在数自己的钱。

这次黄鼠狼们到了貂村，还是一副不友好的态度。

黄鼠狼们："貂们，快给我们看看机器用的词典！"

貂们被吓了一跳，大家都往这边看。一看到黄鼠狼们，它们都是满脸惊恐。

貂们："黄鼠狼先生们，你们好！为什么你们要看机器用的词典呢？"

黄鼠狼们："这就别问了，快点儿拿给我们看看！"

貂们一脸疑惑地从附近的小屋里把机器拉出来。

貂们："我们做的机器用的词典都存在'貂网'里了。"

黄鼠狼们："机器用的词典和普通词典有什么不一样吗？"

貂们："就是写成了机器可以看懂的样子。"

黄鼠狼们："那是什么意思？我们把普通的词典输入机器，但是一点儿用都没有。"

貂们听了，愣了一会儿都忍不住笑了起来。黄鼠狼们看到它们这样，更不高兴了。

黄鼠狼们："你们现在觉得我们是笨蛋吗？"

貂们："哪里敢啊！"

黄鼠狼们："不，你们肯定是这么想的！你们再不把机器用的词典拿过来，就别怪我们不客气了！"

貂们更害怕了，赶紧都低下头，并且把词典交给了黄鼠狼们。

黄鼠狼们又问了一遍这个词典是什么意思，貂们开始解释。

貂们："首先这个词典把标题和它的语义写成下面的格式。比如果实和水果的词条可以写成下面的格式。"

```
< 词条 >
  < 标题 > 果实 </ 标题 >
  < 语义 > 被子植物具有果皮及种子的器官。</ 语义 >
</ 词条 >
< 词条 >
  < 标题 > 水果 </ 标题 >
  < 语义 > 含水分和糖分较多的植物果实。</ 语义 >
</ 词条 >
```

黄鼠狼们："好像词条、标题都用'< >'括起来了，这是为什么？"

貂们："这个有很多种叫法，我们叫它标签。这个对于机器学习很重要。如果不用这个，只是把词典的内容数据化，那么机器是什么都不知道的。它本来也不知道里面哪个是词条、哪个是标题、哪个是语义啊！"

黄鼠狼们："是吗，机器这么笨，这不是谁都知道的吗？"

貂们："这是因为我们本来就有常识和经验，而且都理解语言的意思。在教会机器之前，不能要求它和我们一样懂得语言啊。比如我们不懂阿拉伯语，如果拿到一本阿拉伯语的词典，就能知道所有阿拉伯语的词语的意思吗？"

黄鼠狼们听了貂们的解释恍然大悟。

黄鼠狼们："那用了标签，机器就能知道哪个词条对应哪个标题了吗？"

貂们："对啊。标签里面有像 < 词条 > 这样的开始标签，也有像 </ 词条 > 这样的结束标签。用开始标签和结束标签把文本内容括起来，就能让机器明白所需要读取的范围。例如，< 词条 > 到 </ 词条 > 的部分表示字典中的一个词条，< 标题 > 到 </ 标题 > 表示这个词条的标题。"

黄鼠狼们："啊，这样不是很奇怪吗？你们刚才不是说机器不懂得语言吗？仅仅靠括起来就行了吗？就算是括起来，词条和标题的意思机器能明白吗？"

貂们："那是我们没有说清楚。机器并不是理解了括号里面的意思，也不明白词条和标题的意思。首先给机器下命令，让它们遇到了词条和标题就这样操作。这样机器见到了词条和标题就会收集起来。即使它们不理解意思，收集的工作还是可以完成的。"

黄鼠狼们根本没明白"理解"和"收集"的区别。貂们虽然觉得黄鼠狼们很笨，但表面上还是极力掩饰着，接着解释下去。

貂们："比如说，我们想让机器检索词典的时候，也就是在机器上输入某个词语，画面上就会出现这个词语的意思。此时，只需要让机器执行下面的命令就可以了。这样，机器就会根据我们输入的词语查找其意思了。

---

1. 从词典中的 < 标题 > 标签里找到和输入的词语相同的文字。

2. 把与之相同的 < 词条 > 里的 < 语义 > 标签中的文字呈现在画面上。

"比如输入了'果实'之后，机器就会去查找 < 标题 > 标签中为'果实'即'< 标题 > 果实 </ 标题 >'的部分。找到这个词条后，再查看其中的语义标签'< 语义 > 被子植物具有果皮及种子的器官。</ 语义 >'，将标签中包含的文字显示在画面上。

"这样，即使机器不懂得词语的意思，也不懂得标题、词条、语义的意思，还是能完成查询词语意思的操作。"

黄鼠狼们听了这个说明，总算有点儿明白了，然后开始考虑貂的这个机器对它们现在考虑的问题到底有没有作用。

黄鼠狼们："别的村子交代我们做一件事。"

貂们："我们听说了，1000 个问题的那个事情吧？"

黄鼠狼们："哦，你们知道啊。我们需要收集同义词和近义词的数据，你们的词典里有这些信息吗？"

貂们爽快地回答："当然有啊。"

貂们："我们的词典里有很多同义词和近义词的信息。尤其是同义词，在词典里有很多像下面的这种同义词组合，用起来非常方便，而且它们还有上位词和下位词的关系。"

```
< 同义词组合 >
  < 词语 > 鲜果 </ 词语 >
  < 词语 > 水果 </ 词语 >
</ 同义词组合 >
```

黄鼠狼们："上位词和下位词是什么？"

貂们："比如说动物和狗、水果和苹果、家具和书柜，前面的词包含了后面的词这样的关系。如果是水果和苹果，那么水果就是苹果的上位词、苹果是水果的下位词。这样的信息估计对你们的课题很有用。"

黄鼠狼们勉强回答："可能吧。"看起来貂们对这个课题比它们有更深的理解。

貂们："另外，还有手和手指、建筑和墙壁这样整体和部分的关系，以及大和小、起床和睡觉这样的反义词的信息，对你们的课题也是很有帮助的。"

黄鼠狼们很开心，终于找到能帮上忙的东西了，但是它们还有一点顾虑：这个词典会不会像刚才浣熊的那个机器一样里面也存储了很多没用的东西呢……黄鼠狼们开始秘密商量："我们不用把貂们的词典带回去，而是把我们的课题带过来，看看词典到底能帮上多大忙，如果帮不上忙我们还可以当场和它们交流商量。"

"好，就这么办。"

于是黄鼠狼们赶快与村里联络，让它们把那 1000 个问题送过来。然后把貂们的机器用的词典输入自己的机器里。终于到了检验问题能否解决的时候，貂们又让它们等一下。

貂们："等等，等等，你们打算怎么使用我们的词典？"

黄鼠狼们："就是正常使用。"

貂们："正常？是怎么用的？"

黄鼠狼们回答不上来，觉得差不多就行了吧。

貂们："如果可以，最好在使用词典之前检测一下不能用的地方有哪些，不然就没有什么效果。黄鼠狼先生们，目前为止你们都用什么方法在做呢？"

黄鼠狼们："把 A 句和 B 句的词语分开，如果 B 句的词语 A 句里面都有就是'○'，没有就是'？'，但用这个方法 1000 个问题中只有大约 70 个回答正确。"

貂们："原来如此。我们先来改进一下这部分吧。B 句里的词语 A 句里全部都有这个条件太严格，不如改成 B 句里的 70%A 句中有就是'○'，这样如何？"

黄鼠狼们想了想，确实如此，而且浣熊好像也这样说过。实际一测试，正确答案增加到了 123 个。

黄鼠狼们："哇，增加了！"

貂们："下面试一下我们的词典吧。添加我们词典里面同义词的信息，不仅能找出 A 句和 B 句里完全一致的词语，连同义语也能一起找出来。"

貂们聚集在机器前面，经过专业操作，机器启动了，开始解答问题。

黄鼠狼们："哇，220 个问题回答正确！好厉害！"

新的回答正确的问题有下面几种。

问题 593

A. 河豚太郎和河豚宝宝一起外出了。

B. 河豚太郎和河豚宝宝一起出去了。

正确答案：○

但是，貂们还是不满意，还在互相讨论。

貂们："果然还是要把上位词和下位词的信息也录入进去。没错，整体和部分关系的词也要录入一些。"

它们又对机器进行了一阵忙碌的操作，然后开始试验，这次正确答案变成了304个。

这次回答正确的是下面这种问题。

问题633

A. 鱼吉明年去纽约。

B. 鱼吉明年去美国。

正确答案：○

问题249

A. 河豚小平吃了苹果。

B. 河豚小平吃了水果。

正确答案：○

和很开心的黄鼠狼们不同，貂们还在讨论着。

貂们："现在答案只有'○'和'？'，但是实际上还有'×'，这也得想个解决办法。""如果只要有一个是否定表现就为'×'，怎么样？""可以，但是不考虑句子的构造会出错吧？""那也没有办法。如果我们把反义词的信息都录入进去，应该就能增加'×'的答案了吧？"

貂们又开始操作机器了，这次正确答案变成了489个，接近一半都对了。和刚才不同的是，这次这样的问题都回答出来了。

问题775

A. 蚂蚁小美比蚂蚁太郎大。

B. 蚂蚁小美比蚂蚁太郎小。

正确答案：×

问题691

A. 青绿红胡子医生睡觉的时候，龙龙酱来拜访了。

B. 青绿红胡子医生起来的时候，龙龙酱来拜访了。

正确答案：×

黄鼠狼们："哇，对了将近一半了！再多一些，再多一些！按照这个速度全部的问题都能答对了。"

和吵闹的黄鼠狼们不同，貂们还在对机器进行各种操作。为了继续增加正确答案的数目，它们进行了各种调整。比如把同义词重复的比例从65%变成75%，A句和B句比较的时候把重要的词语和不重要的词语区分出来，总之，各种各样的方法都尝试了。结果，正确答案变成了549个，后面不管怎么调整也超不过这个数目。

黄鼠狼们："为什么呢，不能再多一些了吗？"

貂们："按照现在的做法这已经是极限了。"

黄鼠狼们："啊？好郁闷！就不能再多一点儿了吗？""对了，你们的词典不会是没有发挥作用吧。"

黄鼠狼们随口抱怨着，同时也在看到底是哪些问题没有回答出来。前面的200个问题都是浣熊提出的，不正确的有好多个，但是黄鼠狼们想"它出的问题太难了，全部跳过去吧"。接着它们看到了下面的这个问题。

问题510

A. 鱼吉因为不恰当的发言被人教训了。

B. 鱼吉因为不恰当的发言被人揍了。

正确答案：×

貂们的答案：〇

黄鼠狼们："为什么这个不能判断为正确呢？"

貂们："因为这个是多义词问题，也就是说有多种意思的语言。"

黄鼠狼们："为什么？"

貂们："比如说，'教训'这个词有'揍'的意思，也有'教育'的意思。这两种意思以及它们分别的同义词都写到了词典里。

"具体来说，就是写了'教训1'和'教训2'，'教训1'和'揍'是一个同义词组合，'教训2'和'教育'是一个同义词组合。

"那这里的问题510回答错误就是因为此处的'教训'是'教训2'的意

思，但是机器把它当成'教训 1'来处理了，所以成了和'揍'是同义词了。"

黄鼠狼们："这个不能想办法改进一下吗？"

貂们："当然，如果为了让这个答案正确，可以手动改一下，但是这也不能解决根本问题，肯定还有别的问题也是错误的。除了'教训'，还有大量其他的多义词，如果全部要改就太难了。"

忽然貂们的视线往黄鼠狼们的背后移过去，它们一个个吓得全身发抖。黄鼠狼们想知道是怎么回事，回头一看，居然有一个巨大的身影靠近了。

黄鼠狼们："啊！貂，貂，貂熊先生！"

貂熊虽然从生物学上讲是一种和黄鼠狼、貂很相似的生物，但是它们的毛很长，长相更接近熊和狼，而且它们比黄鼠狼身形更大，体力也更强壮。貂熊很生气地怒吼着，露出满嘴獠牙。

貂熊："喂，你们这些黄鼠狼！又在欺负貂们吗？我不允许你们欺负弱小！"

黄鼠狼们："嗯，嗯，对不起！对不起！"

黄鼠狼们很害怕，一瞬间就从貂村里撤了出来。在山路上跑了好长一段路后，它们回过头看到貂熊没有追过来，才终于松了一口气。

"哇，吓死我了！"

"但是还是很麻烦，虽然正确答案超过了 500 个，但是后面的怎么办呢？"

黄鼠狼们思考着。刚才慌乱之中它们把那个机器也带出来了，但是完全不知道后面该怎么办。它们边想边朝黄鼠狼村走去。

过了一会儿，它们在山路上看到有一个东西倒在路边，靠近一看，是一个不知道是什么的动物失去意识晕倒了。这个动物穿着西服，打着领带，非常绅士，只是好像已经走了好几天的路，衣服有些脏。

"这是什么动物啊？"

"先把它救起来吧。"

黄鼠狼们在边上叫这个动物，它用力睁了一下眼睛，但是说不出话来。黄鼠狼们给了它一瓶水，它像遇到救星一样全部喝光了。黄鼠狼们又给了它一个中午吃剩的饭团，它非常感激地道谢。

眼镜猴："我终于能发出声音了。谢谢你们救了我。自我介绍一下，我叫眼镜猴，因为工作从遥远的地方来到了这里，没想到迷路了，我已经几天没有吃喝了。"

黄鼠狼们："原来是眼镜猴，这边很少见啊，你是做什么工作的？"

眼镜猴："我们公司是开发机器学习的。因为和这边的鼹鼠村和猫头鹰村有业务往来，来给它们检测之前的产品，顺便介绍新产品。"

黄鼠狼们突然紧张了起来。"机器学习"这个词它们之前也从别的村的动物们那里听到过，虽然不知道它到底是什么，但黄鼠狼们有种直觉，它们现在正好需要这个。

黄鼠狼们："要不要来我们村子里啊，几天没吃东西了，光吃一个饭团也不够吧。来我们村请你吃更多好吃的，而且衣服也脏了，来洗干净吧。"

眼镜猴："真的吗？太好了，谢谢你们！"

到了村子，黄鼠狼们给眼镜猴拿出了各种各样的食物。几天没吃饭的眼镜猴终于美美地饱餐了一顿。黄鼠狼们把洗干净的西服交给眼镜猴，眼镜猴十分感激。

眼镜猴："太感谢你们了，你们真是太好了！我该怎么报答你们才好呢？你们有什么要求请告诉我。"

黄鼠狼们见目的达到了，心里一阵狂喜。

黄鼠狼们："刚好有个事情想和你请教一下。"

黄鼠狼们把至今为止发生的事情都告诉了眼镜猴。要回答别的动物提出的1000个问题，就需要词语意思的信息，特别是同义词和近义词的信息。另外，还

有貂村做的词典可以解答出500个以上的正确答案。眼镜猴对这些非常感兴趣。

眼镜猴："原来如此，这个课题很有意思。貂们的词典做不到也是可以理解的。手动把所有的语言都变成词典是很困难的，而且新的词汇也层出不穷。就像百科全书一样，大家一起做出来的词典可以解

决一部分问题，但还是要自己找出所有的信息啊。"

黄鼠狼们："对啊，就是这个问题。那要怎么办呢？"

眼镜猴："有个简单的解决办法：不需要手动做词典，而是从大量的文章里自动获取信息；特别是同义词和近义词，有自动取得信息的方法。"

黄鼠狼们："啊，这也可以吗？"

眼镜猴点点头，然后调整了一下姿势，两只手交叉放在桌子上开始问黄鼠狼们。

眼镜猴："大家是怎么发现近义词的？"

黄鼠狼们："不就是看词典吗？还有别的办法吗？"

眼镜猴："我们公司是通过周边词汇来发现的。"

黄鼠狼们："周边词汇？是指它们附近的词语吗？"

眼镜猴："没错。有一个语言学家以前提出这样一个假说：出现近义词的句子也是相近的。也就是说判断两个近义词的时候，可以比较一下它们周围的词语，如果它们都含有同一个词语那就是近义词，如果没有就不是。比如说银和白金意思很相近吧？"

黄鼠狼们："对，它们都是金属。"

眼镜猴："但是银和感冒就不相近，白金和感冒也不相近吧？"

黄鼠狼们表示同意。

眼镜猴："那现在我们找一下银、白金和感冒分别出现的句子。"

眼镜猴从公文包里取出了一个很薄的闪着光的计算机，敲了一下键盘，就给黄鼠狼们看屏幕。屏幕上写着下面这些句子。

出现银的句子

恋人的手指上闪着银戒指的光芒。

这个矿石中含有黄金和银。

银餐具价格很贵。

出现白金的句子

给我鉴定一下白金戒指。

黄金和白金哪个价格更贵？

> 白金和宝石散发出一种温和的光芒。
>
> 出现感冒的句子
>
> 含有维生素 C 的食物对感冒很有效。
>
> 好像感冒了一样，嗓子很痛。
>
> 我以为是流感，没想到是感冒了。

眼镜猴："这些是分别含有银、白金和感冒的句子。它们是我在网络上找到的，请看，银和白金的句子中会出现重复的词语。"

黄鼠狼们："真的啊，戒指、黄金、光芒，这些都一样。"

眼镜猴："你们再看，感冒的句子里和银、白金的句子里一样的词语几乎没有吧？"

黄鼠狼们仔细看了句子，确实除了"的""很"，就没有一样的。眼镜猴一边做着手势一边解释着。

眼镜猴："怎么样？这就是通过周围的词语来判断两个词意思是否相近的办法，你们明白了吧？那接下来就进入正题，我们公司基于这种方法开发了一个用'向量'（又称矢量）来表示单词意思的方法。"

黄鼠狼们："向量？就是带有箭头的那种线条？"

眼镜猴："没错。就是数学课上老师教的那个，向量是可以表示方向和大小的量，用箭头来表示。我们公司根据大量的文章总结出了'哪个词语的周围出现了哪个词语'。然后利用机器学习，成功地做出了大量词语的向量图。这个图根据向量之间的距离表现出了词语之间意思的近似性。比如刚才提到的银、白金和感冒如下图所示。"

眼镜猴："这种把意思的相似程度通过向量图表示出来的方式对于机器学习语言十分便利，而且完全是自动的，非常方便。"

黄鼠狼们并不明白具体的意思，但是听到完全自动就心动了。

黄鼠狼们："那这个对我们的课题能起作用吗？"

眼镜猴："你们可以试试。"

眼镜猴从自己闪着光的计算机上把向量详解词语意思的数据复制到黄鼠狼们的机器上，然后黄鼠狼们的机器开始运行。

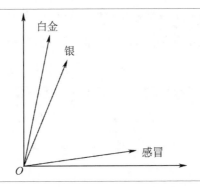

眼镜猴："在这个机器上加入貂村的词典貂网和百科全书。在输入问题的时候设定好什么样的条件答案是'○'、什么样的条件答案是'×'，然后把这个设定和我们的数据组合起来，看看能回答正确多少。"

眼镜猴开动机器，正确答案增加到了 689 个。

黄鼠狼们："哇，变多了！"

眼镜猴："等一下，调整一下的话可能会更多。"

眼镜猴在机器上摆弄了一阵，当它改动的时候正确答案一会儿增加、一会儿减少，黄鼠狼们凑过去一看，正确答案变成了 721 个。

黄鼠狼们："太好了！超过 700 个了！"

眼镜猴："嗯，但是没有我想象得多。虽然我们补充了一些原来词典里没有的同义词和近义词，但是仅靠这些还有解决不了的问题。"

黄鼠狼们："比如说呢？"

眼镜猴："A 句和 B 句中含有反义词的问题就没能回答出来，比如下面这个。貂们的词典里虽然有反义词的信息，但是并没有那么多。我们的数据能补充的话就好了，但是按照刚才的方法要获取反义词的信息会很困难。"

问题 490

A. 1764 年 4 月 5 日，蚂蚁村制定了限制方糖交易的法律。

B. 1764 年 4 月 5 日，蚂蚁村废除了限制方糖交易的法律。

正确答案：×

眼镜猴的答案：○

黄鼠狼："反义词不就是意思相反的词语吗？这个为什么会这么难呢？"

眼镜猴："意思相反的词语周围出现的词语也会很相似，比如说'好吃'和'难吃'虽然是反义词，但是都会很容易和食物一起出现。'考上'和'落榜'都很容易与'考试''面试'一起出现。上面的'制定'和'废除'也是一样的。这样的反义词在向量图中都会变成近义词，所以现在的机器设定里，反义词和同义词、近义词在一个类别里面。"

黄鼠狼们："那怎么办呢？"

眼镜猴："根据刚才的方法，现在马上修改很困难。"

眼镜猴接着看没能解决的问题。

眼镜猴："最开始的 200 个问题中没有解决的有很多。比如下面这个，用现在的方法就很难改善。"

问题 134

A. 浣熊给河豚小平和河豚小吉发信息了，但是回信的只有河豚小吉。

B. 浣熊给河豚小平和河豚小吉发信息了，但是仅有河豚小吉回信了。

正确答案：〇

眼镜猴的答案：×

黄鼠狼们："为什么这个解决不了呢？"

眼镜猴："这里的'只有''仅有'具有相似的含义，但是'含义向量'无法准确表现出来。'含义向量'更擅长表现像事物、状态、性质等具有具体实体性的'内容词'，像'只有''仅有'这种'功能词'就没有那么擅长了。"

黄鼠狼们："为什么呢？"

眼镜猴："你们听我刚才说的话就应该明白了。我刚才说词语和词语之间意思的相似性是根据其周围出现什么样的词语来判断的。由于词语不同，其周围词语的出现频率会存在偏差。就像刚才所说的，'银'和'白金'周围容易出现'戒指''光芒''贵'这样的词，而'感冒'周围就很难出现这些词，这就是偏差。根据这个可以很好地总结词语意思是否接近。但是在功能词里没有这个偏差。功能词大多是为了组成句子而必不可少的词语，与一般的词语都能组合，所以向量图要表示功能词的意思是否接近就没有什么效果了。

"还有下面这个问题。'只要'和'除了……'这种用词上的微妙不同，使得问题很难回答正确。"

问题 87

A. 蚂蚁太郎除了方糖，别的什么都不想要。

B. 蚂蚁太郎只要除了方糖以外的东西，别的什么都不想要。

正确答案：×

眼镜猴的答案：〇

黄鼠狼们："那'除了'和'除了……以外'的不同写到哪儿比较好呢？"

眼镜猴："没有那么简单。下面这个例子中'除了'和'除了……以外'意思是相近的，不知道的话就回答不上来。"

问题 66

A. 蚂蚁小美除了蛋糕都自己做。

B. 蚂蚁小美除了蛋糕以外的东西都自己做。

正确答案：〇

眼镜猴的答案：〇

黄鼠狼们："哦。"

黄鼠狼们都觉得这样就可以了。现在 1000 个问题中已经解决了 700 多个，足够了。但是眼镜猴不同意。

眼镜猴："还是把例题全部解答出来为好。你们下次会议的时候会解答别的村子出的另外 1000 个问题吧？如果现在拿到的问题只解决了 7 成，再要挑战新的问题风险就太大了。"

黄鼠狼们："啊，会吗？"

黄鼠狼们又开始变得不安了。怎么办呢？它们苦恼地问眼镜猴。

黄鼠狼们："那用机器学习的方法不能再增加一些吗，不是说机器会自己学习吗？"

听黄鼠狼们这么一说，眼镜猴闭着眼睛开始思考了。黄鼠狼们看到这一幕，一时安静了下来。过了一会儿，眼镜猴慢慢睁开眼睛。

眼镜猴："只有一个办法了，用这个办法，就能把全部问题都回答正确，而且再给 1000 个新问题也能答对很多。"

黄鼠狼们："啊？什么办法呢？"

眼镜猴身体微微前倾，直视黄鼠狼们，双目放光。

眼镜猴："把句子的意思变成向量图，放到机器里。"

黄鼠狼们："啊？"

眼镜猴："刚才我们做的向量图是句子中含有的词语的意思的图，用来判断 A 句和 B 句的意思是否接近。现在把 A 句和 B 句整个句子做成向量图。"

黄鼠狼们："整个句子做成向量图？这个能做出来吗？"

眼镜猴："能！有几个不同的方法可以做出来，但哪个正确率最高就需要测试一下。之后把两个向量图输入机器，让它学习回答出正确答案的方法。这次不判断 A 句和 B 句有多么相似，而是直接判断两个句子之间的关系是'○''？'，还是'×'。"

黄鼠狼们不是很明白，但是看到眼镜猴这么有信心，觉得一定可以做好。

黄鼠狼们："那就这么办。"

眼镜猴："但是还有一个问题。"

眼镜猴竖着一根手指强调着。

眼镜猴："那就是问题的数量。现在拿到的问题是 1000 个，但是这个完全不够。我现在说的方法要想获得成功，得需要几十万个问题。"

黄鼠狼们："几十万？！"

几十万个问题，那就是现在问题数量的几百倍，这么多怎么可能找得到。

黄鼠狼们："这个不可能做到！这么多问题谁来提出啊？我们是绝对不可能做到的！"

眼镜猴："对啊！那从世界各地招募出题者怎么样？"

黄鼠狼们："怎么做？"

眼镜猴："现在有通过网络想赚点儿外快的动物，拿很便宜的钱做一些简单的工作。我们利用这个怎么样？"

　　黄鼠狼们："啊，没有听说过。那就用这个方法收集吧。"

　　眼镜猴："必须注意的是，不能给它们太难的指示。能做难度大的工作的动物比较少，而且价位也会很高。"

　　于是，黄鼠狼们从现在手中的这些问题中挑选了几个并发出了邀请：请提供一些和这种问题一样的问题。黄鼠狼们按照眼镜猴教的方法向全世界的动物们发出了募集出题者的广告。

　　那么，它们可以收到几十万个问题吗？第二场大会之前它们还来得及吗？

7.1 全部教会不就行了吗

在上一章，为了让机器学会判断句子与句子之间的逻辑关系，引入了给句子设定推理模型和利用句子与句子之间相似程度的方法。无论是哪种方法，必须让机器具备识别词语意思之间关系的能力。这种关系有像"水果"与"果实"、"出去"与"外出"之间具有相似意思（同义词）的关系，也有像"动物"和"狗"、"水果"和"苹果"之间一个词语包含另一个词语的包含关系。特别是在利用句子与句子之间相似程度的方法时，掌握相似意思的词语（同义词）的知识就十分重要了。

那么怎样才能把这些知识教给机器呢？恐怕大家首先想到的方法都是教人类时采用的方法。对于没有专门研究机器性能开发的人来说，他们会觉得"机器是不论多少知识都能记住的，那就全部教给它们好了，非常简单"，但是事实上并不是这么简单的事。

首先必须明白的是，机器记住的并不是文字，而是相当于文字的电信号的数列，这个并不是真正的文字的意思。即使让机器阅读了词典、百科全书，机器也不明白这些书讲的是什么。就像前面故事中所讲的那样，机器用的词典是将"< >"这样的标签与这一类词语的"意思"对应起来，而不是机器懂得了词语的意思，人们仅仅是使用这样的方法通过一定的操作使机器能把意思显示出来而已。

具有代表性的机器用的词典就是 WordNet。前面故事中所说的"貂网"就是以这个为原型设定的。WordNet 通过人工构建，现在收录了大约 15 万个英语单词；英文以外的版本也有，比如也可以使用日语版的 WordNet。

另外，不只是 WordNet，人工做成的机器用的词典都存在"可以收录的词语是有限的"这一问题。对于这一问题，我们可以通过利用大型网上百科全书来解决，但是这一类词典也有分类条目数量和精细程度等问题，并不能完全保证具备所有科目的分类。

7.2 自动获取词语含义信息

最近有许多关于自动获取大量语言数据的研究，大量利用了同义词和近义词的相关知识内容。这可能听起来很神奇——可以完全自动获取词语含义的信息。使此项研究成为可能的关键之一是上文中眼镜猴介绍的以周围容易出现的词语信息作为参考，用于表现词语的意思。这个想法本身是基于"在相似的语句中出现的词语具有相似意思的可能性比较大"（哈里斯，1954）这一假说（分布假说）提出的。

最近的一些研究基于这个假说，根据词语的意思制作了向量表。提到根据向量来记忆的方法可能很多人想到的都是在一个坐标上画出方向，标记类似于（2，5）或者（11，56，37）之类的数组。

向量表示的是具有"方向和大小"的量，向量的"箭头"和"数组"表达的都是一个意思。比如（2，5）这个"2个数字的组合"，就是指在一个有 x 轴和 y 轴的二维空间里，从原点顺着 x 轴方向移动 2 个单位，顺着 y 轴方向移动 5 个单位得到一个点，再连接原点和这个点形成的一个箭头。同样（11，56，37）这一"3个数字的组合"，就是在 x 轴、y 轴的基础上增加了一个 z 轴，从原点分别顺着 x 轴移动 11 个单位、y 轴移动 56 个单位、z 轴移动 37 个单位得到一个点，再连接原点和这一点形成箭头。我们能直观理解的只能到三维空间，实际上，如果数组中的数字（向量元素）增加，比如四维、五维、六维，乃至于更高维度的空间中的一点也都能用连接原点形式的箭头表现出来。如果把词语的意思用向量来表现，那么每个词语的意思是一个数组，这个词语使用时的意思就可以用箭头来表现。

接着来看一下将意思相近的词语信息用向量化的方式表现出来的例子。把"银""白金"和"感冒"这 3 个词语根据前文的 9 个例子来进行向量化试验。

在此，把向量的各元素用判断"同一个句子中是否会出现特定的内容词"的方法表现出来。内容词的定义在前面已经介绍过，就是指表现事物、事情或者状态等有具体实体的词语。这 9 个句子包含了很多内容词，它们是否分别都在"银""白金""感冒"的句子中出现，现在用向量中的各个元素尝试表现一下。也就是说，这些内容词分别被当作向量中的一个维度，与对应的词语一起出现的话就是1，没有一起出现的话就是0。此时，内容词以外的词语"的""是""在"等都不考虑。"银""白金""感冒"向量化后如下图所示。

银（1, 1, 1, 1, 1, 1, 1, 1, 1, 1, 1, 0, 0, 0, 0, 0, 0, 0, 0, 0, 0,）
白金（0, 0, 1, 1, 1, 0, 1, 0, 0, 1, 1, 1, 1, 0, 0, 0, 0, 0, 0, 0, 0,）
感冒（0, 0, 0, 0, 0, 0, 0, 1, 0, 0, 0, 0, 0, 0, 1, 1, 1, 1, 1, 1, 1,）

| 恋人 | 手指 | 戒指 | 光 | 放置 | 矿石 | 金 | 包含 | 食器 | 高价格 | 鉴定 | 工具 | 亲切 | 维生素C | 食物 | 有效 | 去除 | 喉咙 | 痛 | 流感 | 认为 |

上图中，"银"和"白金"的向量中，同样是1的元素有6个（从左边数第3、4、5、7和10、11个都是1）。与此相比，"银"和"感冒"中同样是1的元素只有一个，而"白金"和"感冒"中同样是1的元素一个也没有。也就是说，"银"和"白金"的向量化比"银"和"感冒"以及"白金"和"感冒"的向量化都更加相似。

这一倾向在以更多的句子、更多的词语为对象的时候，把"周围词语出现的频率"引入向量，会有更加预想不到的效果。如果这个设想正确，那么我们所说的"意思的相似性"也就是"一起出现的词语的相似性"，就可以通过"向量的相似性"表现出来。这种把词语的意思向量化，"意思的相似性"以具体的数字表现的方法可以在很多课题中加以应用，而且通过大量的数据可以自动提取意思的信息也十分有吸引力。

上面介绍的方法只是通过向量表现词语意思的一个简单例子。这种方法虽然很简单，但是加入更多的词语，向量的维度就会变得非常多。如果把汉语里所有的词语都加入，那么向量的维度甚至能达到数万、数十万。维度太多，在计算机上就很难做出来，现在人们也在探索用更少的维度来表示词语意思的方法，其中之一就是 Google 公司开发的 Word2vec。Word2vec 可以通过比较少的维度（数十或数百个）来表示出词语的意思。

Word2vec 有一个有趣的"算法": 将向量中的加法和减法对应到意思的计算中, 比如说把"国王"这一个元素减去"男"的元素, 加上"女"的元素, 那么这个向量就非常接近"女王"了。

国王 - 男 + 女 ≈ 女王

这种将词语之间的各种各样的关系通过向量的计算来表示的方法现在也有诸多研究, 人们都在期待着这些研究的成果早日出现。

7.3　某个词语的含义是由其周围词语决定的吗

正如上文提到的, "利用周围的词语作为线索, 实现词语含义的向量化"是一种具有划时代意义的技术。而向量化所需的数据量以及计算能力在未来似乎还会持续提升。但是, 那就可以认为"某个词语的含义就是由其周围词语作为线索的向量"吗? 有这种想法的人肯定不少。实际上, 我们人类在推断不知道的词语的含义时, 经常会利用上下文的语境作为线索。例如, 在做英语试卷时, 我们会遇到不熟悉的英语单词, 这时就会通过上下文来猜测这个单词的含义。

但机器使用的"上下文"与人类用于推测的"上下文"相同吗? 仔细想一想就知道它们肯定是不一样的。机器使用的"上下文"只是"周围几个词语字面上的意思", 但人类还可以使用这些词语在现实生活中对应的具体信息。除此之外, 人类还会利用当前的情景和过去的经历。换句话说, 机器的"上下文"仅存在于"语言世界", 并且要推测的词和其周围出现的相关词对应于"语言之外的世界"的一切信息完全不在考虑范围。最近, 有些研究已经将向量化与图片结合起来用于表达词语的含义, 但要解决第 4 章中指出的问题并不容易。

另外, 基于周围词语含义推测还存在一些具体的问题。例如, 在上文中介绍的反义词的问题, 不仅具有相似含义的词语, 而且具有相反含义的词语可能也会出现在相似的语境中。如果机器无法区分同义词和反义词, 就会出现各种问题，因此人们也在寻求解决这个问题的方法。

此外，我们还需要注意多义词，根据上下文不同多义词会产生词义上的变化。例如，下面例子中的"意思"一词，虽然字面上的意思相同，但是在不同的上下文中就具有各自不同的含义。如果将它们都按同一种含义来处理，就无法准确地进行向量化。

这个人真有意思（funny）。

我根本没有那个意思（thought）。

真没意思（nonsense）。

你们说的这些到底是什么意思（intention）？

基于周围词语含义进行语义分析的关键问题其实是对功能词含义的分析。如眼镜猴所说的那样，由于组成句子的很大一部分都是功能词，原则上它们是与大多数内容词共同出现的，例如"然后""不是""如果""仅""全部"等以及在英文中的 and 或 the 等。因此，我们也不能太过期望通过周围的词语来很好地进行语义分析。

7.4　短语和句子的向量化

如上所述，基于周围词语含义的向量化并不是万能的，它不能完全表达所有词语的所有含义。但是，它的优点是使用起来非常方便，如果与人造机器字典结合使用，就可以应用于各种课题的研究。

目前人们正在研究通过对词语的向量化组合，使整个句子甚至整段文字都可以向量化。正如在前一章中所看到的，句子以及整段文字会由于词语与词语之间的组合方式不同，呈现出完全不同的含义。目前人们已经设计出了很多表现手法，以此来获得文章的具体构成信息。

把句子进行向量化后，可以将其应用于句子与句子之间的推理关系——含义关系的识别。最近一些研究指出，基于英语的含义关系识别已经能够达到很好的精准度，通过把"前提"和"结论"的句子向量化后作为输入数据，经过深度学习后进行推理关系的判别分类，类似于在本书中所讲的"○""×""？"的判别结果。简单来说就是输入"前提"和"结论"的向量表达式，通过这种解决方案，对"前提"和"结论"的向量对进行"分类"处理，将其分到"○""×""？"这 3 个类别中。

像这种直接通过机器学习的方法，就需要制作大量的进行含义关系识别用的训练数据集，也就是通过判断"前提"和"结论"的关系得出"○""×""？"答案的大量"带有正确答案的问题"。这个领域的研究领头人 鲍曼等人（2015）把本来只有几百、几千个元素的含义关系识别数据集增大到了数十万级别的数据集。这一级别在今后估计会继续增大。

但是，如果对这个方向的研究在含义关系识别方面能够取得很高的精确度，就没有什么问题了吗？这样机器终于可以真正理解语义了吗？对于这些疑问我们将在下一章继续探讨。

第 8 章
推测对方说话的意图

在"黄鼠狼村被害人大会 第二场"上展示的黄鼠狼村的机器给浣熊议长和其他村的动物们带来了巨大的震撼。这个机器比它们所期待的厉害太多了。

为了这一天，黄鼠狼们真是下了很大的功夫啊！最耗费力气的就是它们收集了数十万个新问题。它们利用"众包"的模式，从世界各地找来了愿意帮忙的动物们，最终收集了超过 50 万个问题，然后眼镜猴让机器学习了这些问题。为了让机器学习的效果达到最好，眼镜猴做了各种各样的测试和调整。它采用了最新的机器学习方法——深度学习，嘴里一直念叨着"这里应该是什么函数""要几个隐藏层"之类的，持续工作了好几天。黄鼠狼们什么都没弄懂，但是经过眼镜猴的辛劳工作，最后它们做出了最好的机器，并用这个机器测试了黄鼠狼们收到的 1000 个问题，得到了 961 个正确答案。

这个机器在第二场大会的所有参加者的见证下挑战了新的 1000 个问题，出现了令大家震惊的结果，974 个问题都回答正确。别的村子里的动物们都震惊了，甚至说不出话来，过了一会儿，大家才开始七嘴八舌起来。

"好厉害啊！这确实是做出了能够懂得语言的机器啊！"

"把这个机器做成机器人的话，什么都能听懂、什么都能做的万能机器人就能够诞生了啊！"

"那我们都不用工作啦！快点把这个机器给我们吧！"

每个村都说自己村最需要这个机器，大家都要吵起来了。浣熊议长赶紧制止了大家。

浣熊："大家等一下。黄鼠狼们做这个机器之前的那次会议上我们就已经决定了，不分先后，从今天开始5天后，鱼村、鼹鼠村、变色龙村、蚂蚁村、猫头鹰村同时发货怎么样？"

大家都赞成这个提议。

浣熊："把黄鼠狼们的机器做成机器人是个好想法。想要这样做的村子首先要考虑一下，这样真就能得到万能机器人吗？我对这个还有疑问。大家还是不要期望太高……"

浣熊议长提醒大家，但是已经没有动物们在听了。它们已经被黄鼠狼们的机器征服，都觉得即使有一点儿不对的地方，手动改正一下就好了。

结果，当天的会议很快就结束了，黄鼠狼们开始准备给其他几个村发货了。有几个村都要求要有"机器人的外形"，所以黄鼠狼们在眼镜猴的帮助下，提取了鱼机器人的头、鼹鼠机器人的耳朵和猫头鹰机器人的眼睛，最终完成了机器人。这个机器人不仅能听到声音、看到周围事物，还能走、跑、游泳、搬运东西；也能在一定范围内懂得语言命令，说"跑"就会跑、说"把……搬到……"就会搬东西；它还会推测，所以命令的话语即使有稍许差别，它也能正确执行。

这件事情很快就传开了，没有参加会议的貂村和更远村子的动物们也来购买了。那些村子的动物们都说"我们会付钱的，请一定卖给我们黄鼠狼村的机器人"，黄鼠狼们听到这些非常开心。

几天后，黄鼠狼们给所有村子都发了货（机器人），它们感到无比高兴。大家不仅饱受赞扬，还赚了很多钱。作为给自己度过那段艰难日子的奖励，它们用赚来的钱组织了集体旅游。

第二天早上，由举着写有"黄鼠狼村"旗子的黄鼠狼打头，所有的黄鼠狼们三三两两地出发了。大家背着装满了饭团和零食的双肩包，拿着装着热茶的水壶。它们预订的是有名的痛海温泉八天七晚悠闲之旅。黄鼠狼们优哉游哉地朝目的地前进。

与此同时，变色龙村发生了一点儿小骚乱。变色龙村利用黄鼠狼们的机器做了一个改良版的聊天机器人，起名为"龙龙酱二代"。龙龙酱二代装了猫头鹰的眼睛，在村子里走来走去，见到其他动物就可以聊天。当然它也有推理能力，所以大家都期待它比以前能更好地聊天。

有一天，一对年轻的变色龙恋人在玩捉迷藏的游戏。女孩藏起来，男孩去找。正在男孩到处找的时候，龙龙酱二代来了。

龙龙酱二代："你好！你在做什么呢？"

变色龙男孩："哇，龙龙酱，你好！我在找我的女朋友，怎么都找不到啊！"

听到这里，龙龙酱二代建议道："哦，你要找女朋友！要募集女朋友，我可以帮忙哦。"

变色龙男孩："啊？你说什么呢？"

这时，变色龙女孩从龙龙酱二代的背后出现了。她生气地对男孩说："我都听到了！你有我这个女朋友还不够，现在还要拜托龙龙酱给你找女朋友！我再也不理你了！"

变色龙男孩："等，等等，等等我！你误会了！"

同时，在鼹鼠村也出现了问题。鼹鼠们让黄鼠狼村寄过来的机器人读取了地图，然后在周围的村子里跑来跑去传递消息。它们给了机器人一个"鼹鼠村和蚂蚁村共同举办地下足球世界杯大赛"的企划案，然后开始下命令。

鼹鼠们："去蚂蚁村，把这个文件交给蚂蚁村的村委会。"

接到命令的机器人拿着文件去了蚂蚁村的村委会。因为地图的信息都是正确的，它很顺利地到达了。但是不知为什么，它没有把这个文件交给蚂蚁村的村委会，而是又原样回到了鼹鼠村。

鼹鼠们："啊？为什么又拿着文件回来了？"

它们看到机器人拿着文件径直走到了鼹鼠村的村委会，在村委会入口处"砰"的一声把文件扔在了门口。

鼹鼠们觉得难以理解，不知道到底出了什么问题。它们想要向黄鼠狼们咨询，但是现在它们集体旅行去了，村子里一只黄鼠狼都没有。鼹鼠们知道黄鼠狼们去哪儿了，就给了机器人一封信，并给它下了命令。

鼹鼠们："去痛海温泉，把这封信交给黄鼠狼们。"

机器人听到命令就出发了。机器人走路的速度很快，比黄鼠狼们先到达了温泉。在温泉街有世界各地的游客，其中还有外国来的黄鼠狼们。机器人走到它们附近，把鼹鼠村的信给了它们。外国的黄鼠狼们很惊讶。

外国黄鼠狼们："Oh（哦）!Great robot（伟大的机器人）!" "What is this（这是什么）? A message for us（给我们的信）?"

外国的黄鼠狼们不知道这是什么，就拿着这个和机器人一起拍照。这封信作为见到机器人的纪念被它们拿走了。正好这时黄鼠狼一行来到了温泉街，机器人看都没看它们一眼就回了鼹鼠村。完全不知情的黄鼠狼们到了旅馆后换上睡衣就休息了。

这时，鱼村也出现了麻烦。鱼村也用黄鼠狼村的机器人给别的湖泊里的鱼送信和东西。迄今为止，它们去最近的湖泊送东西需要先到河里，再从河里到海里，接着从海里到另外一条河里，然后才能到达那个湖泊。但是用机器人就可以直接从陆地上送过去了。鱼村马上用这个机器人开始给别的湖泊的朋友们送礼物和信件。

其中有一条鱼名叫鱼也，它给住在别的湖泊的女朋友鱼香送礼物。鱼群中最有人气的礼物就是有名的鲭鱼包包。鱼也拜托机器人把这个礼物送给鱼香，并且记住鱼香收到礼物时说的话，回来告诉自己。机器人从湖里出去，从森林里走过去，进到了鱼香所在的湖。然后看到它的家就把礼物送了过去。

鱼香："哇! 这是鱼也送我的礼物啊!"

鱼香打开礼物，一看是包包，特别喜欢。

鱼香："是鲭鱼包包啊! 这不是我一直想要的那个嘛! 突然给我这么大的惊喜，鱼也太'讨厌'了!"

机器人回到鱼村，对鱼也这样说。

机器人："鱼香说，'这不是我一直想要的那个，鱼也太讨厌了'。"

鱼也："啊? 怎么会这样? 我好不容易买到的!"

它和女朋友之间的误会费了好大劲儿才消除。慢慢地，别的鱼也出现了类似的麻烦。

那蚂蚁村又怎么样呢？正当黄鼠狼们悠闲地在露天温泉泡澡的时候，蚂蚁们使用黄鼠狼们的机器改良了自己的机器人蚁神。勤劳的它们把蚁神改造成了能自由活动的高级机器人，这个机器人不是听了命令才会移动，而是根据自己的判断，自己决定自己的动作。

终于完成了改良版的机器人蚁神，蚂蚁们非常开心，这时下起了瓢泼大雨。雨太大了，山上的广播开始向附近的村子紧急播报。

广播："附近村子的村民们，现在发布大雨警告。河流附近很危险，请不要去河附近玩儿。"

听到广播的蚁神，突然像想到了什么一样开始快步行走。蚂蚁们拼命地追，但是蚁神太大了，而且改良之后速度快了很多，蚂蚁们怎么也追不上。终于蚁神来到了因为下雨水位变得很高的河流附近。因为太危险，蚂蚁们只敢远远地看着蚁神。

蚁神在河流附近什么也没做，只是呆呆地站着。但是河流的水位不断上涨，最后将蚁神冲到了河流的下游。蚂蚁们花费了很大的力气回收蚁神。

虽然顺着河流漂了下去，但是回收回来的蚁神也没有出现什么故障。蚂蚁们总算放下了心，但是第二天又出现了一个问题。

蚁神在下山去一个商场的时候，忽然响起了警报，接着又听到了广播。

广播："现在建筑内出现了火灾。请不要靠近火源，走到建筑物的外面。"

和蚁神在一起的蚂蚁们看到一楼出现了火苗就马上离开了，但不知为何蚁神一直不出去。如果不出去，被火一烧蚁神肯定要毁掉了。蚂蚁们很想把蚁神弄出去，但是面对比自己大数千倍的蚁神，它们毫无办法。很快消防员们赶来把火扑灭了，蚁神身体的一部分也烧焦了。蚂蚁们想一定得让黄鼠狼们赔偿。

此时，黄鼠狼们正在温泉旅馆玩儿乒乓球呢。它们还吃了很多美食，玩得非常高兴。但是说实话它们有点儿玩儿腻了。

"哎，我们八天七晚都在同一个地方，也太无聊了吧？"

"对啊！这里玩来玩去也就这样。"

"但是我还不想回去啊。"

"对啊，我们再去别的地方吧。"

它们正在讨论的时候，猫头鹰村也出现了问题。猫头鹰村想让机器人守住村子的入口，就对几台机器人说道："希望你们从这儿进入村子的入口。"

但是机器人们一动不动。

猫头鹰们："为什么？说了希望它们进入村子入口啊！"

但是机器人们还是完全没有行动。猫头鹰们试着下了好几次命令，终于在它们说了"去村口"这个特别简单的命令的时候，机器人才开始行动。

猫头鹰们："哦，好像要下命令，一定要用命令型的句子才行，好不方便啊。"

但很快猫头鹰们就明白并非如此了。在村子的公园里刚结束锻炼的猫头鹰小健坐在椅子上感叹："哇，好想吃蛋糕啊！"附近的机器人从村子里的蛋糕店拿着蛋糕过来了。但是猫头鹰小健并不高兴，反而很生气。

猫头鹰小健："我比赛前一定要减肥啊，不要让我看到我最爱的蛋糕！为什么要拿到我的眼前！现在给我吃这个，我就没有办法参加轻量级的比赛了！"

就这样，各个村子对黄鼠狼村的机器人的不满累积得越来越多。它们商量之后，认为应该马上叫黄鼠狼们回来对此负责。然后各村派代表一起去了痛海温泉。但是它们在温泉街找来找去，也没有找到黄鼠狼们。

各村代表："黄鼠狼们到底去哪里了？"

没有办法，它们只好又回去了。幸运的是，它们在回去的路上遇到了眼镜猴，就是那只帮助黄鼠狼们的眼镜猴。它要回自己的公司，但是又迷路了，倒在了路旁。

它们把眼镜猴抬到鼹鼠村，给它喂了一些吃的，眼镜猴终于恢复了体力，但是马上遭到了动物们的问题围攻。

鼹鼠们："都怪黄鼠狼们的机器人，现在我们各个村都出现了麻烦。有没有什么办法啊？"

猫头鹰们："对啊。黄鼠狼村的机器人其实都是你做的吧？应该能修正一下吧。"

眼镜猴很困惑。

眼镜猴："等一等，你们误会了。我给黄鼠狼村提供的只是机器学习的方法。根据我们公司最新研发的机器学习的方法，把黄鼠狼们收集的 50 万个问题通过机器解答，确实经过我做的各种调整，得到了非常高的分数。但是最新的学习方法和我的调整为什么能得到高分，我并不了解。也就是说，怎么能得高分、怎么得不了高分并不受我控制。当然，现在再通过一些微小的调整就能解决大家遇到的问题，但是我并不能保证从根本上解决问题。"

别的村的动物们都沉默不语。如果是黄鼠狼们面对眼镜猴的这番解释肯定会有抱怨，但是它们多多少少都了解机器学习，也稍微知道一些它的弱点，所以很理解眼镜猴说的话，而且对于最新的机器学习方法，它们更是不明白要怎么改正才可以。

大家沉默的时候，待在蚁神里的蚂蚁们说话了。

蚂蚁们："我们有一个提议，如果增加一些机器学习的问题，会不会结果能更准确一些？现在的量还是不太够吧？"

别的动物们也觉得如此，但是眼镜猴的脸色不怎么好看。

眼镜猴："这也确实是一个办法，但是在做这个之前我们或许应该先确认一下现在使用的这 50 万个问题是否正确。我们认为 50 万个问题已经足够了，但是如果这些问题中有错误的或者是不贴切的，那么不管我们的机器学习方法有多好，也无法得到完美的答案。"

猫头鹰们点头赞同："确实如此。我们在改良'猫头鹰之眼'的时候，使用了黄鼠狼们收集的图片，那些图片完全不能用。"

眼镜猴："没错，这次可能也是一样的情况。"

鱼们："但是你在让机器学习之前没有检查一遍收集的问题吗？"

眼镜猴有点不满了。

眼镜猴："我们公司虽然把问题作为学习的材料，但不能保证材料无误。这个要客户自己确认。而且 50 万个问题也不可能全部都看一遍，那也太多了。"

变色龙们："等一下。本来这 50 万个问题也是网上收集的，那再在网上检查一下呢？"

大家都赞同这个提议，于是马上开始募集检查这 50 万个问题的工作人员。

当然这是要有花费的，就记到黄鼠狼村账上了。

但是从世界各地募集的大量工作人员在检查之后并没有发现什么问题，最多也就是发现了几个错字和读起来不太顺畅的地方。

眼镜猴："都没有什么问题啊！"

变色龙们："这些动物们是不是都没有弄明白要检查什么啊？"

眼镜猴："但是我们给了它们文字简单的说明，应该知道吧？"

变色龙们："这种检查是不是要拜托专家才可以呢？"

眼镜猴："如果只限专家，能做到的动物就很少了，而且价格还很贵。这么多数据也不太可能啊！"

猫头鹰们："那给工作人员的说明有没有准确写上我们的要求啊？"

眼镜猴："当然，我都写了的！"

鼹鼠们："也可能是工作人员都没有完全理解吧！"

动物们又沉默了。到底怎样才能收集到可信赖的问题呢？它们现在都陷入了不能信任的怪圈里了。

这时忽然传来一阵浣熊的叫声："大家都聚在这儿干什么呢？"

蚂蚁们："浣熊议长，你来得正好！"

大家给浣熊解释了一下现在的状况，然后征求浣熊的意见。

浣熊："果然不出我所料。"

浣熊在"黄鼠狼村被害人大会　第二场"上就告诉大家不要期望太高，但是大家都不记得了。

浣熊："现在大家所说的这个问题应该是意图理解的问题。"

动物们："意图理解？"

浣熊："对。它指的是从对方的话语推测对方的意图，也就是推测对方想要表达什么。"

猫头鹰们："但是'想要表达什么'不就是用语言表达出来的内容吗？"

浣熊："那也不一定。有些问题会有些模棱两可，就比如变色龙村子里出现的那个问题。这件事中听到'要找女朋友'的龙龙酱以为说话的人没有女朋友，想要找到一个女朋友呢。但是实际上说话的人有女朋友，只是藏起来了，想要找到它而已。也就是说'要找女朋友'这句话有两种意思：一种是说话的人没有女朋友，想要找一个；另一种是说话的人有女朋友，要找到它的女朋友。要知道说话的人到底是哪种意图，就必须根据现状和常识推测。这种情况即使是我们也会觉得很难，更别说是机器了。"

变色龙们："原来如此。那为什么龙龙酱会选择那个没有女朋友的情况呢？"

浣熊："这就不知道了。也可能在 50 万个问题中有这种情况吧。相反，有女朋友的那种情况可能没有或者很少吧。"

鼹鼠们："原来如此。那我们村子里的那个问题是怎么回事呢？和机器人说'去蚂蚁村，把这个文件送到村委会'，它是去了蚂蚁村，却把文件又送回到了我们的村委会。"

浣熊："这个就是'村委会'具体指代什么的问题了。鼹鼠先生们所说的村委会指的是蚂蚁村的村委会，但是机器人理解成了鼹鼠村的村委会。原因就不确定了，可能是从地图上选择了一个最近的村委会吧。"

鱼们："我们村的年轻人出现的大灾难又是为什么呢？远距离恋爱的它们本来应该被传达对方收到礼物后很开心的心情，但是机器人好像没有正确传达对方的这个感觉。"

浣熊："啊，就是那个'这不是我想要的那个嘛'的事件吗。这个就是'不是'这个词不好的地方了。'不是'这个词语在表示'确认事实'和'否定'的时候意思完全不一样。收到礼物的女性小鱼表达的是'确认事实'的意思，也就是强调一下'这就是我想要的那个'这一事实。"

鱼们："原来如此，但是机器人理解成'否定'的意思了吧？"

浣熊："不知道它是不是理解了，但是它就是单纯地判断成了否定的意思。这个在 50 万个问题中应该也有。眼镜猴，给我看一下问题可以吗？多谢。你看，果然有吧。"

浣熊检索了一下眼镜猴计算机上的问题，出现了下面的情况。

问题 220331

A. 也不是很着急，闲的时候给我看看就行了。

B. 没有那么着急，闲的时候给我看看就行了。

正确答案：○

鱼们："原来如此。"

紧接着，乘着蚁神的蚂蚁们来了。

蚂蚁们："蚁神出现的问题是为什么呢？听到了'不要玩儿去河附近'（即'请不要去河附近玩儿'的意思，因要与问题模型保持一致，故这里采用直译，不再调为中文语法）的广播反而跑到了河附近去玩儿，听到了'请不要靠近火源，走到建筑物的外面'反而留在了建筑物里面。"

浣熊："这个从根本上看也和其他村子的问题一样，蚁神没有完全捕捉到广播中的意思。只是这个和之前的问题不同，这个是构造含糊不清的问题。"

蚂蚁们："构造含糊不清？"

浣熊："简单说明的话，就是把'不要玩儿去河附近'和'不要靠近火源，走到建筑物的外面'提取出来。这两个简单地说都是'不要做 Q 做 P'形式的句子，前面都是以'不要'开头的。这个'不要'影响范围的不同会带来不同的意思。这个句子有下面两种可能，虽然句子的构造是一样的，但从原则上来说这两者的界限很模糊。"

> 1. 不要做 Q 做 P。
> 2. 不要做 Q，做 P。

浣熊："1 的影响范围是 P 和 Q 都包含了，2 的影响范围只包含了 Q。1 和 2 的意思分别是下面两种。"

> 1. 不做 Q，不做 P。
> 2. 不做 Q，做 P。

蚂蚁们："也就是 1 里面不做 P、2 里面做 P 的意思吧？"

浣熊："没错。那就考虑这句话'不要玩儿去河附近'吧。这句话套用上面的句式，'去河附近'就是 P，'玩儿'就是 Q。这个广播本来是 1 的意思，也就是说'不要'的影响范围是包含整句话的，希望听到的人是可以这样理解的。

> 不要玩儿去河附近。
> 不要去河附近。不要玩儿。

"但是蚁神把这句话理解成了第二种意思，也就是'不要'的影响范围没有包括去河附近。

> 不要玩儿去河附近。
> 去河边，不要玩儿。

"大概是因为这个原因，蚁神跑到了河边，但是一动不动地没有玩儿。"

蚂蚁们觉得很有道理。

蚂蚁们："原来如此，明白了。根据这个说明，恐怕'不要去火的附近去建筑外面'正好和这个是相反的吧。也就是说，广播的意图是去建筑物外面，不要去火的附近，蚁神理解成了不要去建筑物的外面，不要去火的附近了。"

浣熊："没错。这个例子广播中'不要'的影响范围只包含了一个，但是蚁神把两个都理解为不要的影响范围。"

广播的意图

不要靠近火源，走到建筑物的外面。

去建筑物的外面。不要靠近火。

蚁神的理解

不要靠近火源，走到建筑物的外面。

不要走到建筑物的外面。不要靠近火。

蚂蚁们："但是为什么蚁神不能选择正确的那个呢？这个从某种意义上来说是推理的问题吧，不能从 50 万个问题中学会吗？"

浣熊："太难了。恐怕 50 万个问题中既有 1 也有 2，这个形式的句子意思本来就比较模糊，无论怎样解释，在推理的时候都是对的。我们能够正确理解对方的意图，是因为我们都知道大雨的时候靠近河流是危险的、着火的时候应该赶快去建筑物外面。也就是说，我们根据常识和经验理解了对方的意图。根据不同的场合，我们还可以从对方的表情、动作，现场的气氛等去考虑，这就要看情况而定了。这种无法规定的原因太多了，要一一列举，所有的都做成问题的话太难。"

接着猫头鹰们又提问了。

猫头鹰们："浣熊议长，那我们村的事情怎么解释啊？"

浣熊："嗯，首先是希望去村子入口的命令机器人无法接收的问题吧？"

猫头鹰们："没错。我们说希望去村子入口的时候，它应该可以推理出去村子入口吧，这个是不是没有包含在这 50 万个问题里面啊？"

浣熊："我不知道你们问的那个有没有包含在里面，但是有一点是错误的。从希望去村子入口这句话并不能推理出去村子入口的命令。这个不是推理，而是会话的含义的问题。"

猫头鹰们："会话的含义？和推理不一样吗？"

浣熊："大家都知道从 A 句推理到 B 句，如果 A 正确，那么 B 一定正确。这时不会出现 A 正确但不知道 B 是否正确的情况。不能说刚才你说了 A，但不是 B 的意思。

但是希望去村子入口和去村子入口之间的关系并非如此。证据就是你说希望去村子入口，但不是命令说快去村子入口。也就是说，希望去村子入口这句话不是命令，只是单纯地表达了你的一个希望。"

猫头鹰们："原来如此。但是这个和句子的模糊性还是不一样吗？'希望'这个词不会有'想要'和'命令'两种不同的意思吗？"

浣熊："'希望'本来就是字面上的表示想要的意思，'命令'只是根据这个引申的一个意思。'命令'意思的出现是由于听到的动物思考了为什么对方要特意表明它的希望，根据状况引申出了对方命令的意图。"

猫头鹰们："原来如此，经过你的解说我们大概明白了。这也是为什么猫头鹰小健说想吃蛋糕，但是机器人不知道把它引申为不要把蛋糕拿过来的命令吧。根据议长的解释，这也是会话的含义，而不是推理吧。"

浣熊："正是如此。但是有可能类似的例子作为正确答案也混在这 50 万个问题中了。"

浣熊又检索了一遍问题。

浣熊："果然有这样的例子。"

问题 57423

A. 想要看对面放的那本杂志。

B. 把对面放的那本杂志拿过来。

正确答案：○

问题 301678

A. 想要看电视。

B. 打开电视。

正确答案：○

猫头鹰们："如果浣熊议长的解释是正确的，那这些例子并不是推理却放到了推理的问题中，岂不是错了吗？"

浣熊："对，我就是这么认为的。推理和类似推理但不是推理的区别只有专家才能分辨。要交给大量的动物做问题收集，出现这种错误也是可能的。根据一些研究者的观点，虽然不是严格意义上的推理，但是从应用方面来说，把这些例子放进去很方便，所以也可以放进去。但我个人是反对这种做法的。"

动物们把自己的问题都与浣熊议长讲了并且也得到了解释，但问题是这要怎么解决呢？

鼹鼠们："眼镜猴，这些问题你们公司的技术能不能解决啊？"

眼镜猴："我们的机器学习方法就是把要输入的和输出的内容确定好，再收集大量的问题，这样问题基本上都能解决。但是大家现在的问题是要输入什么？输出什么？问题又由谁来收集呢？"

动物们："嗯，这个……"

动物们开始了激烈地讨论。此时，黄鼠狼一行正在从意大利回国的国际航空飞机上。它们几天前突然从痛海温泉直接飞到了意大利，在那里它们享受了美丽的自然风光、别具特色的城市风景，品尝了比萨和意大利面，喝了红酒，十分满足地回来了。

"哇，意大利真是太好玩儿了！"

"第一次国外旅行虽然有些紧张，但是去了一个对我们黄鼠狼这么友好的国家真是太棒了！"

"但是我们的花费是不是有点多了？"

"没关系，再卖一些机器人不就行了嘛。"

"对啊。为了倒时差，我们还是先睡会儿吧。"

什么都不知道的黄鼠狼们躺在头等舱舒适的座位上睡着了。它们做梦也想不到千里之外的故乡发生了什么事。

8.1　含义和意图

此前的章节主要讲解了机器要做到能够"理解语言"必须具备什么条件。首先,机器要能识别某个句子"是真是假""是不是正确",或者"能不能这样问",也就是要能判断这个句子的"真伪性"。其次,机器必须具备"将语言和现实世界联系起来的能力"以及"推理的能力"。最后,机器要能够在此基础上具备"推测对方意图的能力"。

有多少人能够注意到"含义"和"意图"的区别呢?其实平时不太在意这两个词语的区别,也不会对我们的交流产生太大的影响。但是在语言学里,"含义"和"意图"的意思是不一样的:"含义"是指"句子本身所表达的意思",而"意图"是指"说这句话的人想要表达的意思"。也就是说,"含义"不掺杂说话人的感情,仅仅指代句子的意思;而"意图"就完全是指说话人讲这句话想要传达的内容。

为什么一定要特别区分"含义"和"意图"呢?这是因为人们对"含义"和"意图"的理解不同会导致句子的意思出现偏差。这种偏差对人们理解语言有很大影响。虽然因人而异,但是大部分时候人们会无意识地消除这种偏差,这时也能够很好地推测对方的意图,从而顺畅地交流。但是机器并不会自己消除这种偏差,所以我们很有必要想方设法消除"含义"和"意图"的偏差。

8.2　消除多重语义

产生含义和意图的偏差其中一个重要的原因就是句子存在多重语义。对方所说的话有多重语义——在有两种及以上不同解释的情况下,机器无法贴切地判断出对方到底想要表达的是哪一种意思。

产生多重语义的原因有很多种,其中之一就是前面介绍过的"多义词的歧义性"的存在。

● 多义词

对机器而言,要消除多义词的歧义性是一大难题。研究者针对这个问题在很早以前就提出的课题大致分为利用词典的方法和利用词典以外的方法。利用词典的方法正如前文所述，是指通过使用像 WordNet 这种机器专用的词典，从已经定义好的几个语义中选择最贴切的那个。选择的方法是"最常出现的语义设置成第一个，总是选择第一个语义"，还有一种选择方法是"比较在文章中出现的这一词语的周围词语和词典里语义解释中出现的词语的重复率有多少，选择重复率最高的那个语义"。

对于利用词典以外的方法，其中一个是给文章中的词语准备好大量的解释词语意思（标注）的信息（已标注的语义库），通过机器学习使它能够推测出语义。

利用已标注的语义库消除语义的歧义性就是准备好词语的带有语义信息的文章做成"给机器的范本"，让机器进行学习。现在这种方法是准确度最高的方法之一。但是要做成已标注的语义库需要耗费相当多的时间和成本，而且要收集的数量非常大，不同的语言都要重复同一工作也是一大难点。

不管利用上面哪种方法，都必须要确定每个词语有几个语义，这并不是简单的事情。另外，在人类的理解中，即使语义在解释上没有问题，也会出现在某个特定的句子中不同人的理解不同的情况。即使利用已标注的语义库的方法，制作机器的范本也是因人而异，并不是完美的。

近几年也出现了前文所述的"意思的向量化表达"可以帮助消除语义的歧义性的报告，但这样还是有难解之题，其中之一就是虚词的歧义性。虚词中也有很多多义词，而且并没有实际表达什么意思，比实词更难判断有多少种语义。比如"不是"具有否定和确认事实两种意思，这个虽然可以根据发音的声调来判断，但是其他的虚词就并非如此了。

除此之外，还有很多虚词有多重语义的例子。比如一般在句子末尾出现的"了"字。"今天早上七点就醒了""她年轻的时候就很美了"，这种语境下的"了"表示"句子里的事情是过去发生的"。但是，也有很多类似"那就买了""明天就星期天了"这种并不是表示过去时的例子。有兴趣的读者也可以思考一下别的虚词，看一看它们到底有多少种意思，比如"这样""也""太""只"等，这样就会理解要明确给语义进行分类有多么难了。

● 名词在句子中指代什么

比消除多义词的歧义性更难的一个问题就是消除名词在句子中指代什么的歧义性。像"学生""猫"之类的名词以及"优秀的学生""白色的猫"这样的名词词组，实际上在文章中出现的时候有具体指代现实世界中的事物的时候，也有什么都不指代的时候。在本章的故事里"在找女朋友啊"中的"女朋友"就是一个例子，它既有具体指代某个人的意思，也有泛指的意思。对方说"在找女朋友啊"的时候，必须要根据对方的常识和状况来判断哪种意思是正确的。

另外，名词（词组）具体指代某个内容的时候，要正确判断指代的到底是什么也很困难。以下面这篇文章为例。

在约好的那个星期日，太郎去了花子家，但是花子不在，就又回家了。太郎实在是觉得太无聊，于是给朋友次郎打电话邀请他来家里玩儿。但是次郎说今天有亲戚来家里，所以就不去了。之后花子给太郎打来电话，说刚才有点急事儿不在家。太郎问花子要不要现在出去，但是花子说刚才有一个大雨警报。"刚才的城市广播里说尽量避免外出，在家等待警报解除。所以我觉得今天我们还是好好待在家里比较好。"

上面这段话并没有什么复杂的内容，但是"家"这个名词就出现了七次。我们肯定觉得很简单，第一个是指"花子的家"，第二个和第三个是指"太郎的家"，第四个是指"次郎的家"，第五个指"花子的家"，第六个有点难，指代"不特定的多数人自己的家"，第七个指"太郎和花子各自的家"。但是对机器而言这个一点儿也不简单，即使通过上一章介绍的"通过周围出现的词语来预测意思"的方法也很难解决这个问题。

除此之外，名词（词组）也有"指代其中的一个"和"指代其中的几个"的区别，还有"指代符合条件的一些（有例外）"和"指代符合条件的所有（没有例外）"的区别。我们人类可以自然而然地区别出来，然后推测出对方的意思，进行顺畅交流。

比如,当我们说"把洗的衣服晒干",一般就是说把所有洗好的衣服都晒干的意思,对方肯定不会理解成要晒干一件还是两件,剩下的就不管了(仅限于对方配合的情况下)。与此相反,当我们吃饭的时候说"从厨房把盘子拿出来",肯定是拿几个够用的盘子就可以了(也是仅限于对方配合的情况下)。这种对于常识和状况的把握,对机器而言是一个很难的问题。

- **句子的构造**

更加困难的问题是"句子的多义性",前面的故事中以蚁神失败为例做过说明。正如第6章所说,句子的多义性有一部分原因是"句子构造的不同"。遇到有多种可能性构造的句子时,如何根据对方的意图选择正确的句子构造是一个难题。首先,针对某一个句子必须确定根据什么规则来解析"可能存在的不同构造";其次,不输入"不可能存在的构造"也十分重要。虽然机器分析句子构造的水平逐年上升,但是要达到非常精确的程度还需要我们人类更加努力。

8.3 会话隐含

要正确判断出说话者的意图,还有一个要解决的问题是机器能否理解"会话隐含"。会话隐含并不是从句子中能够直接推测出来的内容,而是根据句子说出时的状况推测出来的内容,也就是"言外之意"。比如说,听到"好想吃蛋糕"这句话,就可以推测出"去买一个蛋糕"的命令,后者就是前者的"会话隐含"。"好想吃蛋糕"这句话看字面意思就是说话者陈述对于想要吃蛋糕这件事的需求,我们就可以理解成"买一个蛋糕"(或者给我吃个蛋糕)的命令。

这样的"会话隐含"在我们的日常生活中大量存在着。比如,当我们站在离窗户近的地方,有人问"那边的窗户你能打开吗"的时候,字面意思是对方问我这个窗户能不能打开这一事实,但是当我们听到这句话的时候不会有人回答"对,我能把窗户打开",几乎所有人都会直接伸手去把窗户打开。这是因为"那边的窗户你能打开吗"这句话并不是字面上的疑问句,而是"请把窗户打开"这一命令或者请求的含义。

还有其他的例子，比如学校老师在公布考试成绩的时候会说"这个班有学生得满分"。听到这句话所有人都能推测出"并不是全部学生得了满分"的含义。但是全部学生得了满分与"这个班有学生得满分"也并不矛盾。也就是说，从"这个班有学生得满分"这句话并不能直接推测出"并不是全部学生得了满分"，但是我们能自然而然地推测出这个结论。

这种"会话隐含"产生的原因格赖斯（1975）进行了如下说明。格赖斯提出的理论（合作原则）认为，我们要进行顺畅的对话必须共同遵循下面四种交际准则。

---

① 传达给对方适量的信息（量准则）。

② 传达正确的信息（质准则）。

③ 传达与当前话题有关联的信息（关联准则）。

④ 避免歧义和不明，传达明确的信息（方式准则）。

如果我们发现对方在说话的时候违反了这些准则，那么当我们判断对方是在进行顺畅的交流时，就可以推测对方说的"并不是字面上的意思，而是有着言外之意"。也就是说，在我们思考"当下这个状况对方为什么会说这个意思"的时候，就是在推测对方所传达的"会话隐含"。

根据格赖斯的理论，刚才的"那边的窗户你能打开吗"和"这个班有学生得满分"，可以进行如下解释。

● 显而易见，我现在在窗户附近站着，对方特意问"那边的窗户你能打开吗"，并不是想听我回答能或不能，而是想让我打开窗户。

● 如果班里全部人都得了满分，老师就会说"全部都得了满分"，但是老师没这么说，而是说"有人得了满分"，那就不会是全部都得了满分。

"会话隐含"和我们第 5 章到第 7 章中所说的"推测内容"是不一样的。"推测内容"是指如果前提的句子是正确的，那后面的句子也一定是正确的，但是"会话隐含"并非如此。证据之一就是"会话隐含"是可以取消的。比

如说过"那边的窗户你能打开吗"之后，紧接着可以说"啊，只是问你能不能打开，并不是想让你打开窗户"。另一句也可以这样说："这个班有学生得满分。那么是谁呢？你们全部！大家都努力了！"这样的说话方式可能有人觉得不自然，但是和推测内容取消的自相矛盾相比就会觉得对比十分明显。

另外，同一句话根据说话时的状况和参与对话的人之间的关系不同，也会有不同的"会话隐含"。比如在和朋友一起逛街的时候说"想吃蛋糕"，可以理解为"我们现在去吃蛋糕吧"的邀请。如果一个人不喜欢甜食，而周围的人也知道他不喜欢甜食，但听到他说"想吃蛋糕"，肯定会理解成他在开玩笑。

"会话隐含"就是像这样可以出现，也可以取消，还可以表示别的意图，非常烦琐。要准确理解"会话隐含"，不仅要理解句子中词语的意思以及它们组合起来产生的意思，还要结合这句话产生时的状况和场合、之前的对话内容、对方和自己的关系等方面来综合考虑。这种要结合常识和文化背景的思考对机器而言更是难上加难。

8.4 正确传达意图的难度

如上所述，机器理解意图是相当难的，但是人类要正确传达意图也并非易事。我们也经常有理解不了或者误会别人意思的时候，特别是现在微信等"通过文字交流"的方式越来越普遍，经常会出现因误解而产生麻烦的时候。文字交流这种形式失去了音调的信息，也看不到说话人的表情，就很容易把含有歧义的信息传达给对方。因此，与不怎么熟悉的人，或者没怎么交流过的人进行文字交流，就无法有足够的默契，很容易产生误会。

简单举一个具体的例子。大家都使用过微博之类的软件，如果有人发了和下面一样的一条信息，大家会怎么理解呢？

像你这样厉害的人，以后该怎么办才好呢？

像这样的说法是夸奖呢，还是贬低呢？还有前半部分"像你这样厉害的人"解释成对方"很优秀"或者对方"很严格、严厉"都可以，但是意思就大相径庭了。这就是因为"厉害"这个词语的多义性，如果非常了解说话者的背景、对话时的氛围，就很容易理解这句话的意思。但是如果对对方不是很了解，或者不知道说这句话时的场景，就很容易产生误会。最严重的情况可能是说话人本身的意图是夸奖，但是听的人理解成了贬低的意思，因而会产生不可挽回的误解。

另外，在社交网络软件（SNS）之类的软件上经常会有带"这个""这种"等指示代词的"危险的例子"，比如转发别人的发言，并做出如下评论的这个例子。

农民黄鼠狼☆黄瓜增产中 @itachifarmer ★月★日

这种家伙真的好讨厌啊！→

超爱意大利的黄鼠狼 @iketeruitazzi ★月★日

昨天坐地铁的时候看到了一个不排队的黄鼠狼，别的黄鼠狼怒吼了一声"怎么能对老年人那样呢"，然后它们就开始吵架，结果地铁都晚点了。

这种情况下第三者看到了"这种家伙"，其实无法准确判断出转发的人（农民黄鼠狼）究竟说的是发微博的黄鼠狼（"超爱意大利的黄鼠狼"），还是微博中所说的"不排队的黄鼠狼"，或者是"怒吼的黄鼠狼"。乍一看，大概很多人都会自然地认为是"不排队的黄鼠狼"，但是农民黄鼠狼也可能只是帮"超爱意大利的黄鼠狼"转发了一下。像这样完全误解发信人的意图的情况也不在少数。

发言的人当然知道"自己想要表达的是什么意思"，所以就忽视了自己话语的歧义性，也注意不到可能会有的别的解释。说话者和听取者双方都必须要注意，才能消除交流中可能产生的歧义。那么，对于人类而言都是很困难的"意图的问题"发生在动物们身上又会怎么样呢？另外，最终等待黄鼠狼们的是什么样的结果呢？我们将在最后一章揭晓。

第 9 章
在此之后的黄鼠狼们

黄鼠狼村今天也充满了叹息声："为什么我们每天都是在工作……"

几个月前，等待集体旅行回来的黄鼠狼们的是各个村大量的机器人退货和抱怨。买了机器人的动物们寄来了很多催款信："完全不是我们期待的机器人，快退货款！"这中间不仅有要求退款的，还有给它们本来的机器人带来损伤，要求黄鼠狼们赔偿的。但是黄鼠狼们手头上一分钱也没有了。它们旅行的时候花费太多，村子的资产都变成负数了。

针对陷入困境的黄鼠狼们，隔壁的鱼村、鼹鼠村、变色龙村、蚂蚁村、猫头鹰村提了一个方案。它们建议黄鼠狼们继续改良机器人，并且愿意提供资金支持。

没有其他办法的黄鼠狼们只好接受了这个方案。从那天起，它们就开始了工作。黄鼠狼们分为几组，开始做不同的工作。

第一组黄鼠狼们从貂们那儿拿到了貂网上的大量文章。它们要把文章中出现的所有词语与貂网上的项目对应起来，并且按照语义的不同制作不同的标签，其他动物们还规定了它们每天必须交一百篇文章。黄鼠狼们为了达到目标，每天都拼命地工作。貂们的词典对不同的词语都有非常详细的分类，但是黄鼠狼们在考虑选择哪个语义的时候经常意见不合、互相争论。

"'为了防止无关人员进入，布置警戒线'中的'布置'不应该是'拉'的意思，而应该是'画'的意思吧！就是画设计图中的画的意思！"

"啊？什么？这种说法完全没有听过！警戒线当然是用拉的啊！"

"但是拉的话应该是绳子之类的才用吧！这儿的警戒线肯定是画在地上的那种啊！"

"你在乱说什么！当然是用绳子啊！"

根据不同的应用场合，现在看到的词语的语义也有从词典中找不到的情况。这时黄鼠狼们就会联系貂们，让它们追加词语的语义。但是貂们发现了新语义之后才知道，之前语义的分类都错了，然后就把分类全部做了改变。这样对于这个词语黄鼠狼们就得全部重新做。黄鼠狼们对此很生气，但是貂村里有貂熊和其他强壮的动物守护着，它们也不敢有什么怨言。

第二组的黄鼠狼们拿到了大量的文章。它们的工作是判断出文章中所有的名词"是否指代特定的事物"，并且分别标记出来。

这组黄鼠狼在工作开始之前就卡壳了，一些名词，特别是在没有指代特定的事物的时候有很多种意思，要区分它们很难。浣熊议长特意为它们制定了一个"简单明了的操作方法"，但是黄鼠狼们还是满头雾水。

"喂，这个'虽然没有指代特定的事物，但是表示某一个东西'是什么意思啊？"

"不要问我！我也不知道啊！"

"喂喂，这个人名和地名不是一般都指代'某个特定事物'吗？但是这个'大到能装下五个黄鼠狼村'中的黄鼠狼村，是指代真正的黄鼠狼村吗？"

"肯定是，这有什么疑问啊？"

"但是黄鼠狼村只有一个呢！"

"…………"

黄鼠狼们一直在想啊想啊，工作完全无法开展。

第三组的黄鼠狼拿到大量文章，被要求找到里面重要语句在"意义上的影响范围"，并且写成标签，但是这个工作开始之前要进行学习。光是想象

一下"这个语句的影响范围发生改变，会对这句话有什么样的影响"就觉得太复杂了。浣熊议长担心黄鼠狼们学习不下去，特意做了一个练习版本，但黄鼠狼们还是觉得很难。

"比如说这个句子，'蚂蚁太郎还想去法国'中的'还'影响范围是'去法国'和'想去法国'的时候，整句话的意思有什么不同？"

"啊？这个我们也不知道！"

结果黄鼠狼们放弃了练习版本，直接开始马虎地工作了。别的村的动物们知道之后都很生气。

第四组黄鼠狼拿到了有大量会话的文章，然后被要求把会话的意图都写成标签。别的村的动物们在制定操作方法时写了几个例子，但是黄鼠狼们看到了也不知道该怎么做。结果，它们就随便凭着想象开始工作了。

"这里鱼香对恋人说的'忘了我，和别的鱼开始幸福生活吧'里面的'忘了我'其实是不要忘记我的意思吧。"

"啊？这个不就是字面上的忘了我的意思吗？"

"不对不对，虽然嘴上说着忘了我吧，但其实是希望对方不要忘记自己的意思。"

它们就这样来来回回地讲，工作完全无法进行。

第五组黄鼠狼们得到的指示是收集所有的常识。为什么会有这个任务呢？是因为机器人在判断对方意图的时候，总是需要具备常识。黄鼠狼们首先想到把自己知道的事情都写上，但是一直也没有写完，而且写的东西拿给别的村的动物看后，大家都说："这不是常识啊！"本来嘛，每个村子的常识都不一样。

比如，黄鼠狼们长毛皮是很自然的事情，但是鱼们、变色龙们、蚂蚁们都是没有的。黄鼠狼们不能自己飞上天，但是猫头鹰们就可以。这样想的话，就得按照村子不同写一个常识组合。听到了大多数动物都分雌雄，但蜗牛就不分的时候，黄鼠狼们只是想一想以后要做的事情，就觉得大脑一片空白。

这天晚上，筋疲力尽的黄鼠狼们聚集在村口的公民馆，它们喝着刚泡好的茶、吃着分配的饭团，开始抱怨。

"为什么我们要做这样的工作呢？！"

"就是因为我们要做出什么都懂、什么都能做的万能机器人吧？"

"但是为了做这个机器人，我们这么拼命工作不是很奇怪吗？本来做机器人是为了替我们工作，为我们排忧解难的嘛，现在变成了我们为了机器人拼命工作了！"

"确实如此！"

这时有一只黄鼠狼忽然站了起来。

"对了！我们把这些工作也交给机器人来做吧！"

"怎么交啊？"

"就是把为了改善机器人的工作交给机器人做。"

"嗯，这样也可以啊，只是能做这个工作的机器人在哪儿呢？"

"肯定有地方会有的。我们之前去了意大利不是才发现原来世界这么大吗？"

黄鼠狼们想起之前的旅行，忍不住难受。它们现在村子都封了，也不能外出，身心都感到很疲惫。

此时，别的村的动物在眼镜猴的协助下，把黄鼠狼们做出的数据和机器人组合了起来。令人失望的是，虽然黄鼠狼们花了很多时间去做，但是带有标签的文章和常识的组合对于改善机器人起不了什么作用。

鱼们："机器人没有什么改进啊！"

蚂蚁们："难道这就是极限了吗？"

鼹鼠们："再多增加一些数据，会不会好一些呢？"

猫头鹰们："也可能有用吧，但是这样下去也可能完全不会有进展。至今为止也花了不少金钱和时间，我们也要决定下面该怎么办了。"

变色龙们："坦白说，我们已经回去开发我们原来的闲聊机器人了，不是现在这种什么语言都能理解的，还是按照我们原来的思路，按照不同类别做的。这样好像能快一些。"

蚂蚁们："我们也是想要指定必须会的技能，以此来重新开发蚁神了。那这个工作就先搁着吧！"

但是浣熊议长有不同的意见。

浣熊："但是我们昨天才给了黄鼠狼们几个月的资金，这可怎么办呢？"

结果动物们决定让黄鼠狼们把资金还回来。第二天早上，它们去黄鼠狼村的时候，村子里就已经"空无一狼"了。

动物们："都不在！黄鼠狼们到哪儿去了？"

黄鼠狼们已经又去旅游了，当然目的是找到这个世界上某个地方肯定会有的、会制作改良机器人数据的机器人。

别的村的动物们都以为黄鼠狼们逃跑了，实际上并非如此。黄鼠狼们这次是真想做出点什么来。就这样几周之后，它们终于带着机器人回来了。黄鼠狼们满身泥污，身上的毛也是凌乱不堪的，但是它们都很兴奋，眼睛闪着光，在别的村的动物们面前开口了。

黄鼠狼们："大家请看！我们找到了能代替我们工作的机器人！我们在世界各地找了好久才找到的。"

这是黄鼠狼们从一位老年水獭那儿拿到的。老年水獭以通过常年思考高级编程技术得到的灵感为基础，独自研究了懂得语言的机器，也开发出了会自动做所需数据的机器人。

别的动物们只觉得黄鼠狼们说的话都是借口，但是实际检测了一下机器人后，才知道它们所言非虚。首先，这个机器人具备和"猫头鹰之眼"相似的图片和视频识别技术，并且具备从中提取常识的功能。比如利用图片和视频中反映出的信息就能得到例如"滑雪要在雪山进行"或者"电车在车站会停车"这样的知识。

另外，这个机器人利用语言特性，能从大量的文章中自动提取常识。比如"因为"这个词是从"因为喝酒了，所以醉了"或者"因为下雨了，所以地面湿了"这样的句子中提取出来，所以机器人就明白了这个词表示因果关系。黄鼠狼们说通过这种方法机器人就能自动地提取出大量的常识了。

黄鼠狼们："这个厉害吧！我们拜托水獭爷爷帮我们做了不只能自动提取常识，还能提取别的我们需要的数据的机器人。怎么样，这个满足你们的要求了吧？"

其他动物们无比期待，立刻决定重新启动"懂得语言的机器人"项目。

黄鼠狼们终于从无比辛苦的工作中解脱出来，这次真正尝到了自由的滋味。它们看到光明的未来就在眼前：懂得语言的机器人做出来之后，它们每天就能快快乐乐地生活了。

那么黄鼠狼们之后确实过上了快乐的生活吗？

令人遗憾的是，一切并没有那么顺利。第二天，投入工作的机器人就出问题了。

原因就是黄鼠狼们带回来的机器人并没有期待中的那么好。确实它能自动提取知识，做成数据，但是其质量不尽如人意。

比如从图片和视频中提取出的"雪山和滑雪""饭店和吃饭"确实是有某种关系才会出现在一个画面里，但是图片和视频中也有许多并没有什么联系，只是偶尔出现在一个画面里的东西，而机器人不会区分。动物们利用一起出现的频率等信息进行筛选，试图寻找一种解决问题的办法。但是，不管它们怎么做，提取的常识还是有很多问题。另外，"违反法律就要受到惩罚"这样抽象的常识，"车不能紧急停止"这样否定的常识也都提取不出来。

总结其他数据的情况也类似，虽然它们收集了大量的数据，但是其中混杂着很多东西，都没办法直接使用。最终动物们明白了，目前想到的方法实际上都无法得到大量可信赖的数据；不管怎么做，最终都得通过自己来检查、修正和追加。这个工作理所当然地转回到了黄鼠狼村。

于是黄鼠狼们又陷入了修正机器人做的数据的工作中。它们又感到做这件事情所花的时间和精力与自己收集数据差不了多少。

这天傍晚，结束了一天辛苦的工作之后，黄鼠狼们又聚集到了公民馆。

"唉，本来觉得这次能轻松了呢……"

"对啊，这么看来，我们还是在为机器人工作啊！真是好空虚。"

"但是肯定在某个地方有能替代我们做现在的工作的机器人吧？"

第二天，来视察工作的动物们又看到了空荡荡的村子。黄鼠狼们又出去旅行了，这次它们为了能够做出懂得语言的机器人，要先找到能修改自动收集数据机器人生成的数据中的错误或不足的机器人。

黄鼠狼们这次能够找到这样的机器人吗？如果它们能找到的话，这次能开始快乐的生活吗？这之后黄鼠狼们的命运会怎么样呢？大家想象一下吧。

9.1　"万能机器人"的难度

黄鼠狼村黄鼠狼们的故事到这儿就结束了。遗憾的是，我们并不知道它们到底是什么样的结局。但是在现实世界中的我们能知道我们的未来吗？

① 将语音和文字转化成词语

② 验证句子的真伪

③ 语言和外部世界的联系

④ 区分不同句子的意思

⑤ 使用语言进行推测

⑥ 获取词语意思的知识

⑦ 推测对方的意图

上面这七个并不是独立的问题，互相有着错综复杂的影响。比如要验证句子的真伪（②），就需要把语言和外部世界的联系（③）和使用语言进行推测（⑤）结合起来。另外，这里的推测又需要区分不同句子的意思（④）。还有，这里的推测和获取词语意思的知识（⑥）又有着莫大的关系。要推测对方的意图（⑦），机器人除了需要具备①～⑤的知识，还需要对常识和语境的理解力。

此前的章节都是围绕使用了现在主流的"大数据的机器学习"的七个机器来探讨各种各样的课题，全部课题总结起来有以下三个共通的课题。

A. 如何为机器收集大量可信赖的"问题"和"知识源"？

B. 如何保证机器的"正确答案"是正确的？

C. 如何教给机器无法用具象表示的抽象信息？

在当今盛行的智能机器人开发不可或缺的机器学习方面，如何解决 A 的问题是一大紧急任务。对于 A，现在人们已经尝试了三种方法：（1）数据完全由人完成；（2）数据一半由人完成，另一半由机器完成；（3）数据完全由机器自动完成。如前面的故事所说，机器自动完成的数据会出现很多错误

和不足。在可信赖度方面，完全由人完成的数据肯定比机器自动完成的数据要可靠得多，只是在花费方面和内容的全面性方面还有问题。另外，既然人完成的数据错误会少一些，那么就可以研究有效率地完成质量好的数据的方法，再将这种方法经过实际检验之后教给机器。这样不管有多少数据，机器都可以学习如何"抛开问题的本质，做好作业者和数据收集的程序"。

B 是在设计教给机器数据的时候会遇到的问题。机器人的强项虽然包含"使用的数据有些许错误也不会很大程度地影响结果"，但是如果在设计阶段数据就有错误，机器就没有办法像我们期待的那样工作。要做出正确的数据，在设计阶段就有必要充分分析课题，尤其重要的是，想出在出现不同问题时候的应对方法。

比如前面的故事中所说的语义的分类中，要让机器对什么东西分类的时候，一定要先适当做好分类的类别，如果不知道如何分类的情况不断出现，就会造成数据的混乱。一旦数据开始工作，中途要进行数据设计的变更就十分困难。所以，必须要确认好原本的设计是否值得信赖。

另外，随着机器的应用范围越来越广，例题中的网络型问题也会变多。也就是说，机器可能会遇到的问题要通过例题来学会就越来越难了。虽然数据的数量增加可以在某种程度上解决问题，但是也无法保证可以防止"学的虽然多，但实际上只是在同一狭窄的范围里一直学习"。

C 的问题是我们在做语言变化判断时使用的不可见的信息可用不可见的形式表现出来。书中也提到，我们从听到别人的话到做出反应，中间会结合一般常识、自己的记忆、当下的场景和状况、对话和事情的进展、当时的气氛、当时的人物关系、文化和习惯等信息进行判断。这中间有很多都无法具象化。常识和记忆的一部分可以用文字与图片表达出来，但是在特定情况下，人会使用哪一种常识和记忆从外部是无法看到的。机器在判断的时候没有数据和规则的形状可参考，所以这个难度是非常高的。

基于上述原因，要通过现在主流的"大数据的机器学习"的方法实现"理解语言的机器人"是非常困难的。恐怕要利用现在的方法做出"什么语言都能理解，任何状况和用途都能对应"的机器是不现实的。而根据用途和使用场景来收集数据做成的机器，应用现在的技术就能实现，也可以早一些让机器人为我们服务。这样上面列举的问题就能简单对应了。

9.2　那么，我们人类呢

　　大家会不会对这个结论很失望？还是很安心？无论如何肯定有不少人难以理解为什么机器拥有很大的记忆容量，也教给了它非常好的"学习方法"，可它就是无法拥有和人类一样的语言能力。可能还会有人更进一步地问"为什么人类就能轻轻松松地拥有语言能力，人类和机器的区别到底是什么"。这个问题非常宏大，要完全回答正确也超出了笔者的知识范围，但是以笔者的拙见，在"人类与语言"方面大概有以下三点要注意。

　　第一点是人类在学习语言的时候并不只有出生后接触语言这一种手段。在第 1 章中也略有提及，我们和机器的不同就是，我们在幼儿时期所接触的大量语言并不是根据统计学上寻找正确答案的方法来学习的。根据科研人员对人类掌握母语情况的相关研究，实验证明人类在听的过程中就同时学习了语义、语法以及意思理解。这一结果表明，人类的语言学习是出生时就具备的一种先天能力。某种意义上来说，人类在接触到语言之前，就掌握了学习语言的方法。这个可以认为是人类在漫长的进化过程中培养出来的一种本能。

　　第二点是人类对于语言有一种超能力的认识方法。海伦·凯勒有一天一只手感受到了流动的水，莎莉文老师马上在她另一只手上写出了水这个字，她就像醍醐灌顶一样马上明白了"水"这个词的意思。就像这样，人类会在某个时刻明白"语言用来表示某一种事物"的道理。这种认识能力和"输入图片就能找到对应的句子和文章"以及"输入句子或文章找到对应的图片"完全不同。假如机器能够完美地做到以上两点，恐怕也无法理解"'水'这个词和现实中水的关系，'猫'这个词和现实中猫的关系"，更无法推测出"猫的图片中除了猫以外别的东西也都有名字"。对于语言的超能力的认识是我们积累语言和世界知识的一把重要的钥匙。正因为如此，我们才能知道"语言的意思可以用语言来表达"，才能理解抽象的语言，并且在五官感知的基础上进行抽象思考。

　　第三点是我们拥有推测对方的知识、思想、感情状态的能力。也就是我们知道对方和我们拥有一样的心情，不只能站在自己的立场，也能站在对方的立场上思考问题。这个对于机器而言最难的"意图理解"的能力，我们在某种程度上轻而易举就能获得。实际的调查表明，这个能力和语言表达能力几乎是息息相关的。人类在四岁左右开始拥有语言交流的能力，针对对方提出的问题不仅能推测对方真正要问的事情，还能在回答之前根据对方的背景知识做出不同的回答。

　　以上三点是我们人类拥有的语言能力，而当今机器却无法完全获得。笔者认为如果不把我们内部的这三种能力是如何实现的以数据化的形式解密出来，是无法做出真正理解语言的机器的。而且假如这三点解决了，也并不是结束，那时可能还会出现新的问题。笔者的揣测不一定正确，但是无论如何我们都还处于解决一个课题，又会发现一个新课题的重复阶段。对此我们不能抱有"总之先找到一条捷径"的焦虑之心，否则就会像工作永无尽头的黄鼠狼们一样了。我们要一步一步地在理解之中前进，相信一定会发现"山那边不一样的景色"。

　　以后我们或许会因为什么机会就有了重大突破。你们可能也会有"如果让我做懂得语言的机器，一下子就能做好了"的想法，笔者期待你们可以提出突破性的想法。

后 记

从我开始从事语言学的研究到现在已经有 20 多年的时间了。对理论语言学和自然语言处理这两个不同领域进行深入研究后，我发现"研究语言尤其是对人类语言能力的研究，其实很难出成果"。可能年轻读者中也有人正在进行相关专业的研究，这样说也许有点儿不是很积极，不过这确实是我这么多年来的真实感受。

首先，理论语言学的知识和问题很难被同行以外的人们完全理解。如果你和别人说你是"研究语言学的"，那通常情况下都会被问道"那你会几国语言呢"，甚至有时还会被问道"芬兰语是什么语系""日语的起源是什么"等问题（当然这些问题我们也需要知道答案）。其实我们进行的并不是针对某一门外语或语源学的研究，而是以日语为研究对象，研究我们为什么要这样说，又是怎么来理解这些语言的。可能这样解释还是有很多人觉得不是很明白，但是对于母语是日语的人来说，大家都是"日语专家"。能够让所有人都理解我们为什么要来研究这些"大家都精通"的语言，还是不太现实的。

在我刚进入语言学研究领域的时候，经常会有很多研究"没有什么成果"。我还常被问道"为什么连小孩子都能听懂的语言，机器就听不懂""如今的时代，机器都可以战胜人类的专业棋手了，机器能够听懂语言也不是什么很难的事情吧"等。这其中的难点很难被理解。当今又正是第三次人工智能浪潮兴起的时代，也常有"如果能应用深度学习的话，造出能听懂语言的机器应该没什么难度"这种声音，我深深感受到在实际的研究中和现实世界中人们对此的理解有着非常巨大的偏差，这也使我有种危机感。

好在最近由东京大学主导的"东大机器人"项目也在尝试研究人类和人工智能的区别。这些资深研究员们的各种研究活动，使得人们和之前相比有了很大的认识提升。但即使如此，在这个领域的研究员和这个领域以外的研究员，甚至在同一领域的研究员之间，对相关内容的理解也存在着差异。到底实际研究中有哪些难点、有哪些难以解决的课题等，都需要研究者有一定的语言学和自然语言处理方面的相关知识才可以做出判断，甚至需要对机器学习、人工智能等知识领域有着比较广泛的认识才可以。让某一个人对整个知识体系都有全面的理解和掌握还是比较困难的。

朝日出版社的大槻美和先生提议我写这本书的时候，正好那段时间我自己也在整理和思考这些问题。2013 年由东京大学出版社出版了我所著的《黑门与白门》，大槻先生在读了刊登在出版社官网主页上的部分文章后，就提出希望我能用浅显易懂的方式写一本让读者们更加容易理解语言的使用方法以及逻辑思维方法的图书。在交谈的过程中他也提到，如果能够把人类和机器对语言的理解进行比较，同时再穿插介绍一些人工智能技术的发展现状，能够让读者们自己重新审视自己在日常会话中对语言的使用方式的话，肯定会非常有意思。

本书中的一部分采用了对话的形式，因为我自己也不太喜欢那种把自己当老师从头到尾进行讲解的书写形式，而讲故事的形式既能增加读者的阅读乐趣，又能通俗地讲解重点内容。关于本书的结构，在与大槻先生交谈的过程中，我们最终商定了在"黄鼠狼村的黄鼠狼们与其他动物的对话中穿插理论讲解"的形式。至于为什么主人公选取了黄鼠狼，如果读者能读到最后，想必一定能够得出答案。

本书仅是我个人对语言学和自然语言处理这两个相关却又迥然不同领域的现状与研究课题的一些总结。讲到目前的技术难点时，本书尽量多地引用了已有结论，而减少我自己对该问题的主观判断，但即便如此，我也不否认本书在课题的选择以及信息收集的方式上多多少少也受到了自己过去所做研究内容的影响。我一直以来从事的工作是"制作机器翻译语料库以及研究语言起源",我在日常工作中感受到的一些难点问题在行文中也多有提及。由于我本身是做语言学研究的,这么多年来我也发现"有些问题在语言学上非常重要,但在实际机器对自然语言的处理中并不是很困难"。本书的诞生本身也有一些偶然的因素存在。因此,如果是拥有其他研究背景的读者,可能会觉得"机器在实际应用中都没有问题,这里所说的困难会不会有些言过其实",但这里我想说的是,通过本书我想告诉读者们"有哪些知识内容是从语言学者的角度来看希望读者了解的",并且如果能通过本书的介绍,让读者感受到我们这些语言学者每天都和什么样的"怪物"在做斗争,我还是非常开心的。

非常感谢本书的编辑大槻先生,从这本书的策划到写作、定标题,大槻先生的建议给了我很大的帮助。还有编辑部的铃木久仁子先生在本书的写作过程中让我反复思考"本书面向的读者是谁,我们想要告诉读者什么",在很多有意见分歧的部分他也给了我很多提议。

在本书的初稿阶段,我们请名古屋大学的松崎拓也老师和御茶水女子大学的峯岛宏次老师进行了审阅。这两位是位于语义处理研究最前沿的学者,他们的宝贵意见和鼓励,是这本书能够最终完成的最强原动力。

最后还要感谢给书中各种调皮的动物们和机器人绘制了充满爱和想象力的插图的花松步老师,以及让本书有温馨的设计感并展现了精彩语言世界的设计师铃木千佳子老师。真诚希望各位读者在阅读的过程中能够和我一起分享书中传达的快乐。